LES HABITANTS DES BOIS

2e SÉRIE GRAND IN-8°.

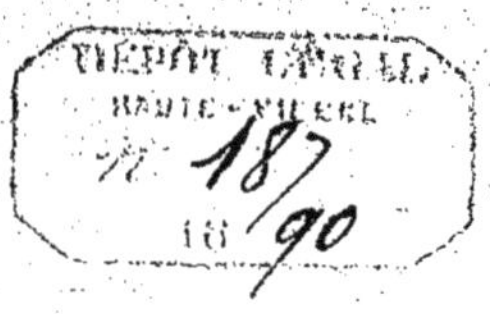

LES HABITANTS DES BOIS.

L'Ours. (P. 5.)

LES

HABITANTS

DES BOIS

PAR

A. DUBOIS

Ancien Inspecteur
de l'Enseignement élémentaire.

LIMOGES

EUGÈNE ARDANT ET Cie

ÉDITEURS

CHAPITRE PREMIER

L'Ours. — Les Ours dressés. — L'Ours brun. — Ses habitudes. — Les Ours des Pyrénées et des Alpes. — Leur régime. — Un chalet attaqué par un Ours. — Un terrible fossoyeur. — L'hibernation des Ours — L'Ours bon compagnon. — Une partie interrompue. — L'Ours du duc de Lorraine. — Une plaisante histoire. — Chasse en Transylvanie. — Chasse dans les Alpes.

La plupart de nos jeunes lecteurs connaissent l'*Ours* Non pas, certes, qu'ils se soient trouvés face à face avec l'animal en liberté sous les sombres sapins de la forêt ou dans les gorges sauvages de la montagne, mais parce qu'ils l'ont vu, dans les rues de la ville ou du village, conduit en laisse par quelque montagnard en haillons. Au son de la flûte, du flageolet ou du tambourin du *montreur d'ours*, ils ont vu *maître Martin*, appuyé sur son bâton, marcher debout, faire de grotesques culbutes ou danser lourdement.

Quoiqu'il obéisse à son maître, ce n'est jamais qu'à contre cœur et en grognant; chaque fois qu'on l'invite à montrer son savoir, il s'irrite et fait entendre un murmure sourd qu'il accompagne d'un frémissement de dents significatif.

Tous les petits Parisiens connaissent les ours du Jardin-des-Plantes, dont l'éducation, faite librement, sous la seule influence du public, qui leur parle et qui leur distribue des gourmandises, donne, cependant, des résultats remarquables.

Ils ont, sans menaces et sans coups de bâtons, à l'aide de quelques gâteaux et de quelques paroles d'encouragement appris à faire une foule d'exercices qu'ils répètent avec le seul espoir d'être récompensés.

A ces mots : « *Martin*, *monte à l'arbre!* » un ours embrasse le tronc dénudé de l'arbre placé au milieu de la fosse et s'empresse de monter au sommet. « *Fais le beau!* » — L'ours se couche sur le dos et réunit ses quatre pattes. — Il en est ainsi de beaucoup d'autres commandements qui sont loin d'être exécutés avec grâce mais qui n'en réjouissent que davantage les habitués de la *fosse aux ours*.

Lorsque, il y a bien longtemps, notre pays était couvert d'épaisses et immenses forêts, l'*ours brun* y était très commun; aujourd'hui, on le trouve encore dans les Alpes et dans certains cantons des Pyrénées Françaises; et, c'est à ce titre que nous parlons de cet animal qui tend à disparaître à mesure que la culture, avançant partout, rétrécit de plus en plus le cercle de son domaine.

L'Ours brun ou Ours vulgaire (*Ursus arctos*) est l'ours de France, qui ne se trouve plus, qu'en petit nombre, sur les cimes les plus reculées et les plus inaccessibles des Pyrénées et des Alpes. Il semble être le type du genre et est aussi le plus répandu ; beaucoup de naturalistes lui ont rapporté presque toutes les autres espèces.

« Il a le corps gros, le dos bombé, faiblement incliné vers les épaules, le cou gros et court, le crâne aplati, le front bombé, le museau conique, tronqué, les yeux petits, fendus obliquement, la pupille ronde, les jambes fortes, longues; les pattes courtes, les ongles longs et puissants. Son pelage crépu est formé d'un duvet long et mou et de poils soyeux plus longs; les plus longs sont à la face, au ventre et entre les jambes, les plus courts au museau. Leur couleur est très variable, elle a toutes les nuance, depuis le brun pur, le brun jaune ou le brun roux, jusqu'au gris argenté, au noirâtre, au bigarré. » (1)

L'ours habite les vieilles forêts qui couronnent les montagnes, les sombres gorges que le pied de l'homme n'a jamais foulées; il se retire dans les rochers, dans les cavernes, dans les antres des ravins qui lui offrent d'excellents abris. Quoiqu'il soit bien musclé et parfaitement armé pour la chasse, il préfère un régime végétal et il ne mange la chair que quand il y est poussé par la nécessité; et alors, quand la famine a aiguisé ses griffes,

(1) Brehm

il poursuit les animaux et ne craint pas d'attaquer l'homme.

Sa nourriture habituelle se compose de glands, de pommes de pin, de fruits sauvages, de jeunes pousses, de bourgeons, de racines succulentes. Il commet quelquefois des ravages dans le champs de maïs, de blé ou d'avoine; il s'assied commodément, cueille d'énormes gerbes et dévore les épis.

Sa prédilection pour les fruits a plus d'une fois causé sa perte. A l'époque où les vignes les plus voisines de son repaire sont chargées de grappes appétissantes, quand les pêchers se courbent sous le poids de leurs fruits veloutés, maître Martin, par l'odeur alléché, quitte les épais taillis; il descend de la montagne et vient, sans plus de cérémonie, prendre sa part de la récolte. Il arrache les ceps pour cueillir les raisins, casse les branches des arbres pour s'emparer des pêches, et le paysan, victime de ses méfaits, est bientôt sur sa trace. Mais comme l'ours n'est pas gourmand à demi, il s'est si bien gorgé de nourriture que le matin, incapable de regagner la montagne, il est rencontré, couché sous les sarments, et assommé par le propriétaire qui se dédommage, avec le prix de sa fourrure, de la perte qu'il a éprouvée.

L'ours brun fouille avec acharnement les fourmillières dont il dévore les larves et les fourmis; mais, ce qu'il aime par dessus tout, c'est le miel; cette nourriture constitue pour lui le plus grand des régals; aussi, dans plusieurs contrées, on exploite contre lui cette passion.

« Il arrive souvent, dit Steller, que, dans les troncs de pins sveltes et élancés de la Lithuanie, se forment des excavations naturelles, qui servent de ruches aux abeilles. Sur la branche d'un de ces arbres, on suspend horizontalement une roue par une corde bien solide; on la fait descendre jusqu'à la ruche, et on la fixe tout auprès à l'aide d'un ressort. L'ours, alléché par l'odeur du miel, grimpe sur le pin, et voulant plus commodément dénicher et manger sa nourriture favorite, il s'assied sur la roue; le ressort se détend à l'instant même, et le gourmand reste suspendu à une hauteur de quatre-vingts à cent pieds. N'ayant ni assez de courage pour sauter par terre, ce qui, du reste, l'exposerait à une mort certaine, ni assez d'agilité pour grimper à l'aide d'une mince corde aux branches supérieures de l'arbre, il attend, dans cette position gênante l'arrivée du propriétaire du miel, qui peut aisément s'en rendre maître. »

« Personne n'ignore, dit Viardot, combien l'ours est friand de miel, et avec quelle adresse il sait dénicher les ruches que les abeilles établissent dans le creux des vieux arbres. Lorsque les paysans voient une de ces ruches naturelles se former à la racine de quelque grosse branche, au sommet du tronc, sûrs que l'ours viendra y fourrer ses griffes et sa langue, ils lui tendent un piège, le plus simple du monde. Au bout d'une corde attachée plus haut que la ruche, et descendant plus bas, pend une grosse pierre, ou une poutre, ou tout autre objet dur et pesant. Quand l'ours grimpe au tronc de l'arbre, comme un gamin au mât de cocagne, pour s'emparer du butin des abeilles, il rencontre en chemin cet obstacle. D'un coup de patte, il détourne la pierre; mais, du bout de sa corde, et cherchant l'équilibre, la pierre retombe sur lui. Il la repousse au loin. elle tombe plus lourdement. La colère le gagne, et s'accroît avec la douleur. Plus il est frappé, plus il s'indigne; et plus il s'indigne, plus il est frappé. Enfin, cet étrange combat de la fureur aveugle contre un ennemi inanimé, contre une loi physique, finit d'habitude par un coup si violent sur la tête, que l'ours tombe au bas de l'arbre, tué quelquefois, mais au moins tellement étourdi, que les chasseurs, embusqués près de là, n'ont plus qu'à lui donner le coup de grâce. »

Les bergers des Alpes et des Pyrénées prétendent que deux espèces d'ours existent dans leurs montagnes, et que l'une ne vit que de fruits et de racines, tandis que l'autre vit de proie, s'attaque aux troupeaux, et ne craint pas d'affronter la lutte avec l'homme.

Tous ces ours appartiennent à la même espèce; mais les jeunes ont un régime absolument végétal; quant aux vieux, ils ne dédaignent pas d'apaiser leur faim avec un mouton, quelqu'autre animal, ou même le berger si l'occasion se présente; et rien n'est redoutable comme la rencontre d'un ours qui a goûté de la chair.

« C'est sans doute, dit Cuvier, pour avoir observé des ours placés dans des circonstances différentes, à l'égard de la nourriture qu'ils avaient été plus ou moins à même de se procurer, que quelques auteurs ont distingué ces mammifères en espèces carnassières et en espèces herbivores; car, sous ce rapport, tous ont le même naturel, excepté l'ours blanc, qui, par le goût qu'il a pour la chair dans son état de nature, confirme ce que nous avons dit sur les effets de l'habitude. En effet, ces carnivores ne se nourrissent exclusivement de chair, que parce qu'ils ne peuvent trouver d'autre nourriture dans les régions glacées qu'ils habitent, et la preuve, c'est qu'en domesticité on les habitue sans peine à se nourrir presque exclusivement de pain. »

Ainsi, c'est en vieillissant que l'ours brun change son régime : Il a par hasard, attrapé un animal; il a trouvé que la chair n'est pas à dédaigner, et qu'il est plus facile d'assouvir sa faim avec une grosse proie qu'avec des baies et des fruits épars dans la forêt; dès ce moment, il est devenu un véritable carnassier. Il attaque tous les animaux : les moutons, les chèvres, les chevaux et les bœufs même.

Parfois il engage avec le taureau un combat terrible dont il sort rarement victorieux. Le taureau le pousse devant lui, le harcèle, et l'étouffe en le pressant contre un arbre ou contre un rocher.

Dans les montagnes, l'ours est surtout dangereux par les temps de brouillard; il peu, sans être remarqué, s'approcher d'un troupeau et enlever un mouton ou une vache sans que personne ait soupçonné sa présence et sans que les autres animaux du troupeau aient donné l'éveil.

Le succès le rend hardi et téméraire; il pénètre dans les villages et cherche à enfoncer les portes des étables.

« Des pâtres, raconte Tschudi, avaient l'habitude

d'enfermer soigneusement, chaque nuit, un petit troupeau de chèvres, dans une étable isolée sur l'une des Alpes les plus sauvages de la chaîne du Rhéticon; ils remarquèrent un matin, dans le voisinage de la hutte, des fientes extraordinaires, virent que l'herbe épaisse qui croissait à l'entour avait été foulée et grossièrement tordue; que la porte était endommagée et rayée de coups de griffes. Les chèvres sortirent pleines d'effroi, cependant il n'en manquait pas une. Les pâtres ne reconnurent pas quel avait été le visiteur nocturne, mais ils soupçonnèrent qu'un loup ou un lynx habitait le voisinage et firent, sans succès, des recherches aux environs et dans une forêt de sapins et d'arobes, qui s'élevait au-dessus du chalet. Néanmoins, ils résolurent de se mettre à l'affût de la bête, et empruntèrent dans le village le plus rapproché un vieux mousquet qui fut nettoyé et chargé avec toutes les précautions d'usage. Pendant le jour suivant, les chèvres s'obstinèrent à rester groupées en ne voulurent pas s'éloigner du troupeau de vaches. Ce ne fut qu'à grand'peine qu'on put les faire rentrer le soir dans leur étable. Deux pâtres se cachèrent alors derrière un rocher, à portée de fusil, et prêts, en cas de danger, à réveiller leurs camarades qui couchent dans le chalet. La première nuit se passa sans incident; il en fut de même de la seconde. Pendant la troisième, l'attention des deux sentinelles commença à se lasser, elles s'endormirent, mais ne tardèrent pas à se réveiller au bruit qui se fit entendre devant l'étable des chèvres. C'était un ours qui, appuyé contre la porte, l'égratignait et tournait autour de la hutte, pour découvrir une ouverture afin de s'y introduire. Dans l'intérieur, les chèvres étaient apparemment éveillées et inquiètes, car on entendait le bruit de leurs clochettes. Nos bergers, peu habitués à de pareilles rencontres, n'étaient guère à leur aise. L'un se glissa vers le chalet pour réveiller ses camarades, tandis que l'autre, tout tremblant, cherchait à mettre son mousquet en état de faire feu. Cependant, l'ours revint à la porte, s'appuya de tout son poids contre la serrure et finit par l'enfoncer. Aussitôt les chèvres se précipitèrent, en bêlant, hors de la hutte et se réfugièrent sur les rochers voisins. L'ours sortit le dernier, emportant une chèvre qu'il venait de tuer d'un coup de dent, et il se mit à la dévorer sur place, en l'attaquant par les pis. Les pâtres arrivèrent sur ces entrefaites, armés de pieux et de ces escabeaux à un seul pied sur lesquels ils ont l'habitude de s'asseoir pour traire leurs vaches; ils avançaient avec précaution. Un d'eux qui dans sa jeunesse avait chassé le chamois, prit le fusil des mains tremblantes de la sentinelle et marcha sur l'ours, qui se dressa en poussant un grognement de sinistre augure; il fit feu et lui laboura le côté droit de la poitrine sur quoi, les autres, enhardis, se précipitèrent sur la bête. Elle se défendait, à coup de griffes, mais ils finirent par l'assommer. C'était un ours brun pesant 240 livres. »

Il arrive que l'ours rassasié cache les restes de son repas dont il se nourrit le lendemain ou les jours suivants :

« On rapporte, dit Louis Enault, qu'un chasseur de Hermandsnaze manqua un ours de la plus belle taille. L'ours fondit sur lui, et, avant qu'il eût le temps de dégaîner, le renversa. L'homme perdit connaissance, l'ours le crut mort, et, comme il n'avait pas d'appétit (l'ours, plus tempérant que l'homme, ne mange que lorsqu'il a faim), il résolut de le garder pour son prochain repas. Il commençait à l'enterrer par précaution en attendant mieux. Par bonheur l'homme reprit ses sens avant que l'opération fût complètement terminée, et, comme il ne se souciait pas de passer à l'état de provision, il parvint à dégager son bras, atteignit son couteau, et coupa la carotide à son terrible fossoyeur. »

Signalons en passant la singulière propriété qu'ont les ours de rester plus ou moins longtemps engourdis ou endormis : C'est ce qu'on appelle leur *hibernation.*

Pendant l'automne, ils ont de tout en abondance et deviennent extrêmement gras, leur propre corps est un véritable garde-manger où ils emmagasinent, sous forme de graisse, des provisions pour l'hiver. Mais, lorsque les pluies ont pourri les fruits tombés sur la terre, quand le sol, durci par la gelée ne permet plus de déterrer les racines succulentes, ces animaux rentrent dans leurs repaires et passent l'hiver dans un état de torpeur ou de douce quiétude qui n'est ni la veille, ni le sommeil. Pendant cette abstinence de plusieurs mois, c'est de leur graisse qu'ils se nourrissent, ou du moins, c'est elle qui suffit au soutien de leur existence dans les temps de froidure et d'inaction. Ils sont entrés dans leur tanière gras et pleins de vigueur; ils en sortent maigres, affamés et dangereux, en conséquence, quand les beaux jours sont revenus.

Ce sommeil est proportionnel comme durée et comme

intensité à la durée et à l'intensité du froid : Si la saison est douce, ils demeurent éveillés ; si elle est rigoureuse, ils dorment. En domesticité, où ils ont de tout en abondance, ils demeurent éveillés en hiver comme en été.

« Il n'est point parmi les carnassiers, dit Tschudi, d'animal aussi amusant, aussi humoristique, aussi plein d'une aimable bonhomie. L'ours a le caractère franc, ouvert, sans ruse ni fausseté. Sa finesse et son imagination sont assez pauvres. La force lui en tient lieu, et c'est à elle qu'il se fie. Il est capable de faire sortir une vache d'une écurie par le trou qu'il a fait au toit, et de traîner un cheval au delà d'un torrent profond et encaissé. Il cherche à obtenir directement et par la force brutale ce que le renard doit à sa finesse, l'aigle à la rapidité de son vol. Non moins lourd que le loup, il n'est ni aussi vorace et féroce, ni aussi vilain et repoussant ; il ne reste pas longtemps à l'affût et ne cherche point à se dérober devant le chasseur pour l'attaquer par derrière. Il ne se sert pas tout d'abord de sa puissante mâchoire capable de déchirer tout ce qui tombe à sa portée, mais il cherche à étouffer la proie entre ses pattes et ses bras vigoureux, et ne la mord qu'en cas de besoin, sans paraître prendre grand plaisir à cette chair qui palpite dégouttante de sang ; ses appétits sont peu carnassiers, et il mange des végétaux, des châtaignes, du lait, des raisins, du maïs et du miel, aussi volontiers que de la viande. »

Nous avons dit que l'ours n'attaque l'homme qu'en cas d'extrême nécessité ; dans les pays où ces animaux sont le plus répandus, les femmes et les enfants ne se laissent pas intimider par leur présence et ne sont presque jamais victime de leur cruauté. On a vu des ours venir, sans cérémonie, manger des fraises dans la corbeille des enfants qui les cueillaient, sans donner le moindre coup de pattes à leurs pourvoyeurs.

« Deux enfants de quatre à six ans, dit Atkinson, s'étaient éloignés de la maison; après quelque temps, on s'aperçut de leur disparition, on les chercha partout dans le village, puis dans la tourbière. Epouvantés, les parents les retrouvèrent jouant avec un ours. L'un d'eux lui donnait à manger, l'autre était monté sur son dos, et l'ours répondait par les plus amicales caresses à leur confiance enfantine. Au comble de l'effroi, les parents poussèrent un cri qui mit en fuite le camarade de jeu de leurs enfants. »

Voici un exemple célèbre de l'attachement dont sont capable les ours réduits en captivité :

René II, duc de Lorraine possédait un ours qui était enfermé dans une cage solide, au château de Nancy. Cet animal, appelé *Masco*, effrayait tout le monde par sa violence, sa fureur et les accès de rage dans lesquels il entrait dès qu'on l'irritait. Sa férocité était passé un proverbe et l'on disait, dans le pays : « *Mauvais comme Masco.* »

Or, il advint qu'un pauvre petit ramoneur, sans abri, sans parents, sans protecteur, sans un gîte pour se reposer, ne sachant où dormir par une froide nuit d'hiver, s'imagina d'entrer dans la cage de *Masco*, en passant entre deux barreaux, et de s'y blottir doucement dans la couche épaisse de paille qui servait de litière à la bête féroce.

Masco s'aperçut bientôt de la présence de ce compagnon improvisé qui, succombant à la fatigue, s'était profondément endormi ; mais au lieu de lui faire du mal, il le réchauffa contre sa fourrure en le pressant contre lui comme une mère presse son enfant ; il l'adopta, le caressa, et toutes les nuits lui laissa partager son domicile.

Tout à coup, l'enfant mourut de la petite vérole : Dès ce moment, l'ours fut inconsolable ; il refusa toute nourriture et malgré tous les soins qu'on lui prodigua, il se laissa mourir de faim.

Mais il ne faudrait cependant pas trop se fier aux manifestations sympathiques de ces dangereux animaux ; il faut les traiter avec circonspection, car leur nature grossière prend bientôt le dessus, et la période d'amabilité est loin de durer toujours.

On raconte, à cet effet, la terrible histoire de la baronne de W. qui avait élevé un jeune ours qu'elle tenait constamment dans sa chambre. Il était aussi propre et aussi docile que le chien le mieux dressé ; son attachement paraissait si sincère qu'on lui avait préparé un gîte moelleux près de la chambre à coucher de sa maîtresse dont il n'était jamais séparé. Son bon naturel ne se démentit pas pendant toute une année ; il n'entrait dans l'esprit de personne qu'un animal aussi apprivoisé pût devenir dangereux. Cependant, un matin les gens de la baronne trouvèrent la chambre en désordre; un horrible drame s'était accompli pendant la nuit : Leur maîtresse avait été égorgée par son favori.

Viardot, que nous avons déjà cité, raconte une plaisante histoire d'ours :

« Il y a, dans le gouvernement de Yaroslaff, un village qui vit d'une singulière industrie : il fait le commerce des ours. On prend ceux-ci petits, assez loin à la ronde; on les élève avec la muselière et le bâton; puis, quand ils ont la taille militaire, et qu'ils savent faire proprement l'exercice à la prussienne, on les vend à des recruteurs étrangers. C'est de ce village que viennent à peu près tous les ours savants qu'on voit, dans le reste de l'Europe, étaler leurs grâces pesantes, au son du fifre et du tambour, dans les foires et les fêtes de campagne. Il s'y est passé naguère, s'il faut en croire le récit d'une personne qui mérite toute confiance, la plus singulière aventure. Un jour de fête, tandis que les femmes étaient à l'église et les hommes au cabaret, tous les ours muselés et batonnés, qui semblaient avoir reçu le mot de quelque Spartacus mangeur de fourmis, poussent de concert un hurlement de révolte. Les plus forts brisent leurs liens, vont délivrer les plus faibles, et tous ensemble, réunis en tumulte, saccagent le village abandonné. C'était vraiment la guerre des esclaves. Ensuite, munis de leur butin, ils vont établir un camp retranché sur une éminence voisine, comme la plèbe romaine sur le mont Sacré. Une fable n'aurait pas suffi pour les réduire; on voulut employer la force. Mais ils repoussèrent toutes les attaques et firent même d'heureuses sorties. Il fallut se borner à un blocus d'observation. Alors la faim, l'ennui, la discorde, les eurent bientôt divisés. Plus tôt ou plus tard, chacun s'échappa pour retourner aux bois. Mais, une fois dispersés, presque tous furent repris un à un, ramenés à la case comme des fugitifs, et traités suivant les dispositions du code noir. On pourrait croire que je m'amuse en racontant cette révolte d'ours, à faire, en manière d'apologue, l'histoire des révoltes d'hommes. Il y a, je l'avoue, plus d'une analogie frappante. Mais je suis historien et non fabuliste; à telles enseignes que l'autorité supérieure, avertie de l'évènement, décréta qu'à l'avenir il n'y aurait jamais plus de soixante élèves à la fois dans aucune université d'ours. »

En Transylvanie, on chasse l'ours comme le renard, avec des traqueurs ou des chiens et voici comment un auteur s'exprime à cet égard :

« On garnit une certaine étendue de forêt ou de taillis, d'un côté, de tireurs, de l'autre de traqueurs. L'ours, chassé par le bruit, se lève et court, presque toujours en ligne droite, à l'encontre des chasseurs; il suffit d'un ou de deux coups pour l'abattre. Ce que l'on dit du danger que courent les chasseurs est en général, de pure invention. L'ours, comme toutes les bêtes fauves, craint l'homme, et il ne l'attaque jamais que quand il se trouve avec son adversaire, tellement face à face qu'il voit dans une lutte le seul moyen de se sauver. Une lutte semblable est alors sans doute inégale; car l'attaque est si prompte et, si violente que le chasseur, après avoir tiré son coup, n'a pas le temps de saisir une autre arme; c'est pourquoi nous n'en emportons pas d'autre que nos carabines. Si les deux coups n'ont pas abattu l'animal, le chasseur est dans une position très critique; aussi, règle générale, jamais on ne doit tirer sur un ours à plus de dix ou quinze pas. En somme, cette chasse est si peu périlleuse que nos paysans ne craignent pas de l'affronter avec un simple fusil à un coup. L'ours est moins difficile à tuer que d'autres grands animaux, par exemple le lion : une balle qui l'atteint à la poitrine l'étend raide mort.

« J'espère par mon histoire avoir rétabli la réputation des ours; pour nous, du moins, ils sont des hôtes agréables; ils mangent bien un peu de maïs, des glands ou des pommes de pin, mais ne font de mal à personne et sont assurément le plus beau gibier qu'on puisse chasser en Europe. J'ai des ours à cinq cents pas de la maison; la nuit ils passent quelquefois par mon jardin; cela n'a jamais empêché personne de circuler et de jour et de nuit, ni de laisser paître le bétail. Bien souvent on en a rencontré, mais ils n'ont jamais attaqué âme qui vive; ce sont, en un mot, chez nous, des visiteurs inoffensifs. Chez eux, sur les hauteurs, c'est une autre affaire, on ne les y poursuivrait qu'au péril de sa vie.

« Quoique nous vivions ici en si bons termes avec les ours, je veux pourtant vous raconter un fait qui vous prouvera que la circonspection est quelquefois nécessaire : Dans l'épais fourré qui borde la route par laquelle vous avez passé ce matin, un ours avait reçu un coup de feu dans l'épaule ; tout à coup il se rencontre face à face avec un autre chasseur, qui, surpris au moment où il s'y attendait le moins, tira à côté. Sans lui laisser le temps de se reconnaître, l'ours se jeta sur lui et se mit à l'étreindre dans ses bras puissants ; aux cris du malheureux chasseur accourut mon frère, vieil et habile tireur, qui avait déjà tué deux ours sur le coup, alors que dans leur fureur ils avaient précipité par terre leur adversaire et l'écrasaient de tout leur poids. L'animal se tourna aussitôt vers mon frère avec une rapidité telle qu'il lui arracha sa carabine des mains, avant qu'il eu le temps d'ajuster, et dressé sur ses pattes de derrière, il se mit en posture de lui déchirer la figure à coups de griffes. Mon frère ne trouva rien de mieux, tout en se défendant le visage avec un bras, que de lui enfoncer l'autre dans la gorge, de sorte qu'il en fut quitte pour une morsure à l'avant-bras et une profonde écorchure à l'épaule. Pendant ce temps, le premier chasseur asséna à l'ours un coup de crosse si violent sur la tête que l'animal lâcha prise une seconde, ce qui permit à mon frère, tout ensanglanté qu'il fût, de ramasser son fusil et de le décharger à bout portant sur son terrible adversaire : l'ours tomba pour ne plus se relever.

« Du reste, ajouta le narrateur, cette aventure ne prouve rien contre ce que je vous disais de la douceur habituelle de l'ours dans ces régions-ci ; car, après tout.

il se trouvait cette fois dans le cas de légitime défense. » (1).

Il était aussi en cas de légitime défense l'ours dont Tschudi nous raconte la lutte énergique et désespérée :

« Dans les monts escarpés qui, entourent la petite ville de Dissentis comme un mur cyclopéen, eut lieu en décembre de l'année 1838, un rare et terrible combat. Clément Riedi, de Dissentis, avait suivi pendant toute une journée les traces d'un plantigrade; il les perdit de vue, vers le soir, près d'une saillie dangereuse de rochers. C'était la retraite présumée de l'ours. Riedi essaya d'abord d'en faire sortir la bête au moyen de toute sorte de bruits; n'ayant pas réussi, il s'avança le fusil en arrêt. Le sentier qui contournait la saillie, s'élevant comme la flèche d'une cathédrale, était si étroit que l'un des deux adversaires devait succomber dans une rencontre. Près de l'angle d'un rocher; il aperçut une excavation qui lui paraissait être l'ouverture de la caverne. Il redoubla de précautions en s'approchant. Tout à coup les yeux du hardi chasseur se rencontrèrent avec les yeux étincelants de l'ours; une patte sortait de la caverne, qui logeait le reste du corps. Riedi osa tirer; deux fois l'arme rata : les yeux de la bête irritée paraissaient lancer des flammes. Enfin, la troisième fois, le coup partit : le tonnerre de l'arme à feu et le hurlement de la bête retentissent au loin, répétés par l'écho des solitudes rocheuses. Le chasseur battit aussitôt en retraite, puis il s'arrêta pour

(1) D'après Klethe.

recharger son fusil. N'entendant plus aucun bruit, il revint vers la caverne; la patte et les yeux avaient disparu, tout était rentré dans les ténèbres. Il écoute : le bruit de quelque chose qui gratte parvient à ses oreilles; saisi d'une terreur panique, il quitte le lieu précipitamment. Quelle était la cause de ce bruit? Peut-être était ce le râle de l'agonie, se disait-il à lui-même, en retournant au logis.

» Le lendemain il se remit en route, en compagnie de trois autres chasseurs, dont deux n'étaient même pas armés, dans la croyance que l'animal avait été frappé à mort. Ils approchèrent tous les trois de la caverne par en haut; à l'aide de branches d'un sapin, ils se laissèrent glisser jusqu'au niveau de l'ouverture. Biscuolm, de Dissentis, se trouvait en tête, le fusil sur l'épaule; mais à peine s'était-il dressé debout que l'ours, en deux bons, vint tomber sur lui. L'étreindre avec ses lourdes pattes et le jeter à terre, ce fut l'affaire d'un instant. Biscuolm appela de toutes ses forces ses compagnons à son secours, pendant qu'il roulait avec son terrible antagoniste sur la pente du précipice. Dans cette lutte désespérée le chasseur parvint à se dégager assez pour saisir son arme. Mais l'ours était sur pied en même temps que son agresseur; celui-ci n'eut que le temps de lui présenter la crosse : elle entra tout entière dans la gueule de l'animal. Cependant Riedi, accouru en toute hâte, eut le temps de tirer sur l'ours et de l'atteindre aux flancs. La bête fit quelques pas en arrière pour se jeter avec fureur sur les deux assaillants; au même moment, Biscuolm lui lâcha le dernier coup; l'ours était tué. En l'examinant, les chasseurs virent que la première balle lui avait brisé la denture; l'hémorrhagie qui s'en était suivi avait rendu le combat un peu moins dangereux. Mais il virent aussi avec épouvante que, dans cette lutte, ils avaient roulé jusqu'au bord du précipice. Ils n'oublièrent de leur vie le danger qu'ils avaient couru. »

Le Loup (P. 25.)

CHAPITRE II

Le Loup. — Les Loups au XVe siècle. — Description du Loup. — Appétit féroce. — Ravages exercés par les Loups. — Bandes de Loups. — Les Loups à la suite des armées. — Quatre-vingts soldats dévorés par des Loups. — Expéditions nocturnes. — Ruses de guerre. — Educations des jeunes. — Les Loups ne se mangent pas entre eux. — Force extraordinaire. — Pris au piège. — Poltronerie. — Un homme en danger. — Vieux Loups et jeunes Loups. — La chasse aux Loups. — Loups apprivoisés.

Dans son *Histoire agricole de la France*, Alexis Monteil fait ainsi parler des personnages qu'il met en scène :

« Antoine, lui ai-je dit, en prenant ce prétexte pour me lever de table, allons visiter un peu votre bergerie. Il s'est empressé de m'y conduire. Oh ! me suis-je écrié, quels barreaux ! quelles portes ! quels verrous ! — Frère gardien, m'a-t-il répondu, je voudrais que le parc ne fût pas si loin ; vous verriez quelles fortes claies, et, pour les fixer, quelles grandes fourches! Heureux encore de pouvoir défendre mes pauvres moutons contre les loups! Et aussitôt voilà qu'il me fait plusieurs histoires des dévastations de ces terribles animaux, qui, dans la mauvaise saison, couraient par troupes, se jetaient dans les villages; il m'a même nommé des villes qui ont souvent de la peine à les repousser. Sans les louvetiers, a-t-il dit, et sans les grandes récompenses qu'on leur accorde, les loups finiraient par être les maîtres des campagnes. » . . . .

Et plus loin :

« Ici on prend toutes sortes de précautions pour la sûreté des bestiaux; les bergeries sont fort solides, bien bâties et les parcs ont deux enceintes de claies. — Quand mon maître dit à ce même fermier qu'en Espagne il suffisait d'entourer d'un simple filet, tendu par des bâtons fichés en terre, les troupeaux de brebis, il s'écria tout émerveillé : Et les loups ?

« Véritablement ces animaux sont en France tellement audacieux, qu'ils ont pénétré, il n'y a pas longtemps, jusque dans Paris, où ils ont mangé un enfant sur la place de Grève; tellement nombreux, tellement féroces, que, dans les dernières guerres, ils ont forcé une armée royale à sortir du Gévaudan. »

Nous somme loin, Dieu merci, de cette sombre époque dont il est question dans le Journal d'un bourgeois de Paris, de ce terrible xvᵉ siècle pendant lequel les loups dévorèrent, en une semaine, quatorze personnes entre Montmartre et la porte Saint-Antoine.

C'était alors le bon temps des bandits de toute espèce, et malgré leur nombre et leur férocité, les loups n'étaient peut être pas ce que le voyageur devait le plus redouter quand il traversait une forêt.

Le Loup (*Canis lupus ou Lupus vulgaris*) a le port d'un chien de grande taille; il porte entre les jambes, au lieu de la relever, sa queue grosse et touffue et couverte de longs poils grisâtres tirant sur le jaune; ses yeux bleus et étincelants sont obliques; ses dents sont rondes, inégales, aiguës et serrées; l'ouverture de sa gueule est grande.

Il a le corps maigre, les flancs rentrés, les pattes minces, les oreilles droites; le pelage varie pour la coloration suivant le climat. Son cou est si court qu'il ne peut facilement le fléchir, ce qui l'oblige, en quelque sorte, à tourner tout son corps quand il veut regarder de côté; il a l'odorat fin, et il peut, à juste titre, passer pour le plus goulu et le plus carnassier de tous les animaux.

Le loup hurle au lieu d'aboyer comme le chien dont il diffère par des caractères essentiels : Ses mouvements sont différents sa démarche est plus précipitée; son corps, beaucoup plus fort, est bien moins souple; ses membres sont plus fermes, ses mâchoires et ses dents plus grosses; son poil plus rude et plus fourré! Sa couleur ordinaire, dans notre pays est d'un fauve grisonnant, mêlé de brun noirâtre dans certains endroits. Le proverbe dit : « *Jeune loup gris, et vieux loup blanc.* »

Cet animal, dit Buffon, est l'un de ceux dont l'appétit pour la chair est le plus véhément : et quoique avec ce goût il ait reçu de la nature les moyens de le satisfaire, qu'elle lui ait donné des armes, de la ruse, de l'agilité, de la force, tout ce qui est nécessaire, en un mot, pour trouver, attaquer, vaincre, saisir et dévorer sa proie, cependant il meurt souvent de faim, parce que l'homme lui ayant déclaré la guerre, l'ayant même proscrit en mettant sa tête à prix, le force à fuir et à demeurer dans les bois, où il ne trouve que quelques animaux sauvages qui lui échappent par la vitesse de leur course, et qu'il ne peut surprendre que par hasard ou par patience, en les attendant longtemps et souvent en vain dans les endroits où ils doivent passer.

Il mord cruellement, et avec d'autant plus d'acharnement qu'on lui résiste moins; il prend des précautions avec les animaux qui peuvent se défendre. Il est naturellement grossier et poltron, mais il devient ingénieux par besoin et hardi par nécessité : pressé par la famine, il brave le danger, vient attaquer les animaux qui sont sous la garde de l'homme, ceux surtout qu'il peut emporter aisément, comme les agneaux, les chevreaux, les jeunes chiens; et lorsque cette maraude lui réussit, il revient souvent à la charge, jusqu'à ce qu'ayant été blessé ou chassé et maltraité par les hommes et les chiens il se cache pendant le jour dans son fort, n'en sort que la nuit, parcourt les campagnes, rôde autour des habitations, ravit les animaux abandonnés, vient attaquer les bergeries, gratte et creuse la terre sous les portes entre furieux, met tout à mort avant de choisir et d'emporter sa proie.

Lorsque ces courses ne lui produisent rien, il retourne au fond des bois, se met en quête, cherche, suit la piste, chasse, poursuit les animaux sauvages, dans l'espérance qu'un autre loup pourra les arrêter, les saisir dans leur fuite, et qu'ils en partageront les dépouilles.

Enfin, lorsque le besoin est extrême, il s'expose à tout, attaque les femmes et les enfants, se jette même sur les hommes, devient furieux par ces excès qui finissent ordinairement par la rage et la mort. Il ne faut qu'un loup enragé pour causer des désordres affreux dans tout un pays, tant parmi les bestiaux que parmi les hommes; les blessures que fait cet animal sont presque toujours mortelles ou suivies de rage.

En 1868, un loup de forte taille, dont on avait signalé l'apparition dans la commune de Saint-Fréjoux, département de la Corrèze, jeta la consternation dans toute la contrée. Des brebis et des chiens, avaient été étranglés et ce qu'il y avait de plus grave, sept personnes avaient été mordus par la terrible bête; deux d'entre-elles dont la figure avait été littéralement dévorées moururent dans les vingt quatre heures.

Ce n'est qu'après cinq jours de poursuite continuelle que ce loup, atteint d'hydrophobie, a été abattu par quatre habitants de la commune de Courteix, au moment où il dévorait un troupeau et menaçait sérieusement le berger.

Cette année, 1881, restera gravée dans le souvenir des habitants des arrondissements de Confolens (Charente) et de Civray (Vienne).

Un énorme loup parcourut ces deux arrondissements semant partout autour de lui l'épouvante et la mort. Il se jetait sur les hommes et sur les animaux; et, plus de dix personnes furent l'objet de ses attaques : cinq sont mortes des suites des horribles blessures qu'elles avaient reçues et qui déterminèrent la rage.

Cette horrible bête a été tuée sur le territoire de la commune d'Availle-Limousine, département de la Vienne.

Le loup craint, dit-on, le feu et tous les sons aigus, on prétend qu'il font sur lui une impression qu'il ne peut supporter et qui le contraint de fuir. Il est difficile de croire, comme on l'affirme cependant, qu'un homme poursuivi de nuit, par un loup affamé, le fasse fuir, soit en tirant du feu d'un caillou, soit en sonnant du cor, soit en agitant un trousseau de clefs.

On croit, vulgairement, qu'un loup pressé par la faim mange de la terre; cette idée provient sans doute, de ce qu'on a vu des loups déterrer la proie qu'ils avaient enfouie et mise en réserve après être absolument repus, pour s'en servir en cas de besoin. Les chiens et plusieurs autres animaux prennent souvent la même précaution.

Le loup est ennemi de toute société : Pendant l'été, il est rare de les voir réunis en bandes. Lorsqu'on en voit plusieurs ensemble, ce n'est point une société de paix, c'est un attroupement de guerre, qui se fait à grand bruit, avec des hurlements affreux, et qui dénote un projet d'attaquer quelque gros animal ou de se défaire de quelque redoutable mâtin.

C'est pendant l'hiver, que des meutes assez considérables de ces carnassiers parcourent de grandes étendues de pays; ils voyagent de préférence pendant la nuit et ne s'arrêtent, durant le jour, que lorsqu'ils trouvent un endroit convenable pour se cacher.

« A la vérité, dit Marcel de Serres, leurs excursions ou, si l'on veut, leurs passages sont toujours accidentels; ils sont toujours déterminés par des circonstances particulières, dont il est facile de reconnaître l'influence. Tels sont ceux qui, au dire de Raoul Glaber, eurent lieu en 1033, par suite de la famine et de la peste qui désolèrent la France à cette époque, alléchés qu'ils étaient par le nombre des cadavres laissés sur le sol sans sépulture. »

Ils suivent les armées, ou plutôt les routes qu'elles ont parcourues, comptant sur des proies faciles.

« Pendant l'année 1812 (de fatale mémoire), raconte Louis Viardot, un détachement de soldats (on dit quatre-vingts hommes) qui changeaient de cantonnement dans un gouvernement du centre, furent attaqués, pendant la nuit, par une nombreuse troupe de loups et tous dévorés sur place. Au milieu des débris d'armes et d'uniformes qui jonchaient le champ de bataille, on trouva les cadavres de deux ou trois cents loups tués à coup de balles, de baïonnettes, et de crosses de fusil : mais pas un seul soldat n'avait survécu, comme ce Spartiate, noté d'infamie après les Thermopyles, pour raconter les horribles détails du combat. Une pierre tumulaire élevée sur les ossements des victimes conserve le souvenir de cet incroyable évènement. »

« On a vu souvent des loups se réunir en grandes troupes et désoler les campagnes, fort loin des lieux de leur départ. Ainsi dans l'hiver rigoureux de 1818, les départements de la Drôme et de l'Isère furent en quelque sorte inondés de loups. Ils parcouraient les campagnes en nombre fort considérable et donnaient l'épouvante à toutes les populations. Ces animaux, qui avaient tous quitté les montagnes et les forêts, causèrent de grands ravages dans les plaines où ils se répandaient. »

« De même, au mois d'août 1842, des troupes de loups ont désolé les communes d'Yville, d'Anneville et de Berville en Normandie. Ces animaux paraissaient venir de la forêt de Manny. Leur nombre était si considérable et leur voracité si grande, qu'ils causèrent de grands ravages dans toutes les communes; ils y dévorèrent une immense quantité de bestiaux. La présence des hommes ne les effrayait pas; ces loups luttaient et s'élançaient même sur eux, lorsqu'on voulait les empêcher d'emporter la proie dont ils s'étaient emparés. »

Plus près de nous, après la terrible guerre de 1870, les loups envahirent la France, particulièrement les contrées de l'est où ils causèrent de nombreux ravages.

C'est surtout le soir, par les temps de brouillards, qu'ils entreprennent leurs expéditions : Ils prennent la file comme les Indiens dans leurs expéditions guerrières; chaque animal marche dans les traces de celui qui le précède, et il est bien difficile de reconnaître leur nombre.

Un ancien auteur prétend que lorsqu'ils ont une rivière à traverser, ils marchent également à la file, mais se prenant tous par la queue avec les dents de peur que la force du courant ne les entraîne et ne les sépare.

Ils ont, dit l'auteur des *lettres sur les animaux*, des sensations et de la mémoire; et ils marquent une assez grande étendue d'intelligence dans les détails ordinaires de la vie.

Veulent-ils attaquer un troupeau bien gardé, l'un d'eux se détache de la bande; il s'approche des étables, gratte pour attirer l'attention : Les paysans s'empressent de faire sortir les chiens; ils se mettent à la poursuite du voleur, qui fuit précipitamment pour entraîner les gardiens. Mais pendant que l'action est engagée et que les moutons restent éloignés de tout secours, les autres loups qui sont au guet se précipitent dans la bergerie, égorgent tout ce qui s'y trouve, mettent tout en pièces et se retirent chargés de butin. Après ce be exploit, ils se séparent et retournent en silence dans leur solitude.

Les mêmes considérations, les mêmes ruses sont mises en usages quand il s'agit d'attaquer un cerf, un cheval ou un bœuf.

C'est encore à l'auteur des *lettres sur les animaux* que nous empruntons les détails suivants :

Le loup est le plus robuste des animaux carnassiers des climats tempérés de l'Europe. La nature lui a donné aussi une voracité et des besoins proportionnés à sa force; il a d'ailleurs des sens exquis avec une vue perçante et une excellente ouie; il a un nez qui l'instruit encore plus sûrement de tout ce qui s'offre sur sa route. Il apprend par ce sens, lorsqu'il est bien exercé, une partie des relations que les objets peuvent avoir avec lui : Je dis quand il est bien exercé, car il y a une différence très sensible entre les démarches du loup jeune et inexpérimenté, et celles du loup adulte et instruit.

Les jeunes loups, après avoir passé deux mois au liteau, où le père et la mère les nourrissent, suivent enfin leur mère qui ne pourrait plus fournir seule à une voracité qui s'accroît tous les jours. Ils déchirent avec elle des animaux vivants, s'essaient à la chasse et parviennent par degré à pourvoir avec elle à leurs besoins communs.

L'exercice habituel de la rapine, sous les yeux et à l'exemple d'une mère déjà instruite, leur donne chaque jour quelques idées relatives à cet objet. Ils apprennent à reconnaître les forts où se retire le gibier; leurs sens sont ouverts à toutes les impressions; ils s'accoutument à les distinguer entre elles, et à rectifier par l'odorat les jugements que leur font porter les autres sens. Lorsqu'ils ont huit ou neuf mois, la mère les chasse et les abandonne à leurs propres forces.

Les jeunes restent encore unis pendant quelque temps, et cette association leur serait assez profitable; mais la voracité naturelle à ces animaux les sépare bientôt, parce qu'ils ne peuvent plus souffrir le partage de la proie. Les plus forts restent maîtres du terrain, et ceux qui sont plus faibles s'éloignent, et vont traîner une vie souvent exposée à se terminer par la faim. D'ailleurs leur manque d'expérience les livre à tous les périls que les hommes leur préparent. C'est alors, surtout, qu'ils vont chercher dans les campagnes les cadavres d'animaux, parce qu'ils n'ont encore ni la force, ni l'habileté qui y supplée.

Lorsqu'ils résistent à ce temps d'épreuves, leurs forces augmentées et l'instruction qu'ils ont acquise leur donnent plus de facilité pour vivre. Ils sont en état d'attaquer les grands animaux dont un seul les nourrit pendant plusieurs jours. Lorsqu'ils en ont abattu un, ils le dévorent en partie et cachent soigneusement les restes; mais cette précaution ne les ralentit point sur leur ardeur à la chasse, et ils n'ont recours à ce qu'ils ont caché que lorsqu'elle a été malheureuse. C'est ainsi qu'il vit dans les alternatives de la chasse pendant la nuit et d'un sommeil inquiet et léger pendant le jour.

Voilà son existence ordinaire, mais dans les lieux où il est constamment traqué par l'homme, la nécessité d'éviter les pièges et de pourvoir à sa sûreté le forcent à une plus grande circonspection.

Sa marche, naturellement libre et hardie, devient précautionnée et timide; ses appétits sont souvent suspendus par la crainte; il distingue les sensations qui lui sont rappelées par la mémoire de celles qu'il reçoit par l'usage de ses sens.

Aussi, en même temps qu'il éventre un troupeau enfermé dans un parc, la sensation du berger et du chien lui est rappelée par la mémoire, et balance l'impression actuelle qu'il reçoit par la présence des moutons. Il mesure la hauteur du parc, il la compare avec ses forces, il juge de la difficulté de le franchir lorsqu'il sera chargé de sa proie, et il en conclut l'inutilité ou le danger de sa tentative.

Cependant au milieu d'un troupeau répandu dans la campagne, il saisira un mouton, à la vue même du berger, surtout si le voisinage du bois lui laisse l'espérance de s'y cacher avant d'être atteint.

Il ne faut pas beaucoup d'expérience à un loup adulte qui vit dans le voisinage des habitations, pour apprendre que l'homme est son ennemi. Dès qu'il paraît, il est poursuivi; l'attroupement et l'émeute lui annoncent combien il est redouté et tout ce que lui-même il doit craindre. Aussi toutes les fois que l'odeur de l'homme vient frapper son nez, elle réveille en lui les idées de danger. La proie la plus séduisante lui est inutilement présentée, tant qu'elle a cet accessoire effrayant; et même lorsqu'elle ne l'a plus, elle lui reste longtemps suspecte. L'idée de l'homme réveille celle d'un piège qu'il ne connait pas, et rend suspect les appâts les plus friands.

Cependant le loup est le plus brut de nos animaux carnassiers, parce qu'il est le plus fort : naturellement plus grossier que défiant, l'expérience le rend précautionné.

La nécessité de la rapine, l'habitude du meurtre et la jouissance journalière de membres d'animaux déchirés et sanglants, ne paraissent pas devoir former au loup un caractère moral bien intéressant : Cependant, excepté le cas de rivalité, on ne voit pas que les loups exercent de cruauté directe les uns contre les autres. Tant que la société subsiste entre eux, ils se défendent mutuellement, et la tendresse maternelle est portée dans les louves jusqu'à l'excès de la fureur qui méconnaît entièrement le péril.

On dit qu'un loup blessé est suivi au sang et enfin achevé et dévoré par ses semblables : mais c'est un fait peu constaté, qui sûrement n'est pas ordinaire, et qui peut avoir été quelquefois l'effet du dernier terme de la nécessité qui n'a plus de loi.

Les relations morales ne peuvent pas être fort étendues entre des animaux qui n'ont nul besoin de société : tout être qui mène une vie dure et isolée, partagée entre un travail solitaire et le sommeil, doit être très peu sensible aux tendres mouvements de compassion.

La faim donne au loup une qualité qui lui manque ordinairement, le courage, et fait de lui un animal fort dangereux; et, il faut le reconnaître, quand il en est réduit à cette extrémité, il ne craint pas de faire mentir le proverbe : « *Les loups ne se mangent pas entre eux.* »

Hélas! les hommes ne sont pas meilleurs que les loups quand ils ont été longtemps privés de nourriture. Nous avons de nombreux et terribles exemples d'anthropophagie auxquels nos estomacs satisfaits se refusent à croire!

C'est toujours au fond d'un bois, dans un endroit bien fourré, et au milieu duquel elle aplanit un espace assez considérable, en coupant, en arrachant les épines avec les dents, et en y apportant ensuite beaucoup de mousse pour en faire un lit commode, que la louve dépose ses petits. Ils sont ordinairement au nombre de six ou sept, rarement moins de trois. La mère les allaite pendant quelques semaines et leur apprend bientôt à manger de la chair, qu'elle leur prépare en la mâchant. Quelque temps après, elle leur apporte des mulots, des levrauts, des perdrix, des volailles vivantes. Les louveteaux commencent, à jouer avec elles, et finissent par les étrangler; la louve ensuite les déplume, les écorche, les déchire et en donne un morceau à chacun.

Ils ne sortent du fort où ils ont pris naissance qu'au bout de six semaines ou deux mois; ils suivent alors leur mère qui les mène boire quelque part; elle les ramène au gîte, ou les oblige à se cacher ailleurs lorsqu'elle craint quelque danger; ils la suivent ainsi pendant plusieurs mois. Quand on les attaque, elle les défend avec fureur et s'expose à tout pour les sauver.

« Si quelque danger se révèle, dit M. De Cherville, si seulement elle reconnaît dans le voisinage immédiat du liteau, les traces de son ennemi le plus redoutable, l'homme, elle n'hésite pas; elle saisit les uns après les autres les petits dans sa gueule et les transporte à des distances considérables.

« Un sabotier découvrit un matin une portée de loups dans un buisson. Cet homme, tremblant de voir accourir la mère, n'eut pas le courage d'enlever les petits qu'il avait mis à l'air; il courut à la loge avertir ses compagnons; ils revinrent en force; mais bien qu'il fît grand jour et que l'absence n'ait pas duré plus d'une heure, déjà la louve avait enlevé quatre louveteaux des cinq que son nid contenait. »

Le loup a beaucoup de force, surtout dans les parties antérieures du corps, dans les muscles du cou et de la mâchoire; il porte à sa gueule un mouton, sans le laisser toucher à terre, et court en même temps plus vite que les bergers, en sorte qu'il n'y a que les chiens qui puisse l'atteindre et leur faire lâcher prise.

« J'ai vu, raconte Blaze, l'endroit par où un loup s'était introduit pour voler une chèvre. Il avait démoli le seuil de la porte qui renfermait la pauvre bique; ce seuil était en briques maçonnées avec du ciment; tout cela ne faisait qu'un corps dur. L'animal avec ses pattes, avec ses dents, avait tout renversé, il avait creusé un trou assez grand pour entrer dans la cabane et repasser avec la chèvre. »

Lorsqu'on le tire et que la balle lui casse quelque membre, il pousse un cri, et cependant, lorsqu'on l'achève à coups de bâton, il ne se plaint pas comme le chien; il est plus dur, moins sensible, plus robuste; il marche, court, rôde des jours entiers et des nuits, et c'est, de tous les animaux, le plus difficile à forcer à la course.

Quoique féroce, il est timide : Lorsqu'il tombe dans un piège, il est tellement et si longtemps épouvanté qu'on peut le tuer sans qu'il se défende, ou le prendre vivant sans qu'il résiste; on peut lui mettre un collier, l'enchaîner, le museler, le conduire ensuite partout où l'on veut sans qu'il ose donner le moindre signe de colère ou de mécontentement.

Gesner raconte qu'une femme, un renard et un loup étant tombés la nuit dans la même fosse, ils restèrent chacun dans leur place, sans oser se remuer, jusqu'au lendemain matin. Grande fut la stupéfaction de ceux qui trouvèrent ensemble ces trois prisonniers. On commença par tuer le loup et le renard, puis on retira de la fosse la femme qui était plus morte que vive, quoiqu'elle n'eût éprouvé d'autre mal que la frayeur.

« Etant à Lipowski, dit Viardot, notre hôte propose de tuer un loup qu'il avait pris au piège huit jours avant, et que sa jambe blessée n'empêchait pas de bien vivre dans un grenier qu'on lui avait donné pour prison. Quelques chasseurs prirent aussitôt leurs fusils; mais le loup, bête de grande taille, avait coupé la corde qui l'attachait à un poteau, et il errait librement dans son grenier. Alors un paysan qui n'était pourtant ni jeune, ni grand, ni fort, y entra résolument, chercha le loup, le vit dans un coin, lui sauta sur le dos, le prit par les deux oreilles, et, tout en l'entraînant dans la cour, lui passa entre les dents une petite corde qu'il tourna trois ou quatre fois sur le nez pour en faire une muselière; puis il le jeta sans façon sur ses épaules, comme le bon Pasteur avait fait de la brebis égarée, et le porta dans un champ, hors du village. Nous l'avions tous suivi. Quand deux ou trois d'entre nous eurent leurs fusils prêts, le paysan lâcha son loup et lui ôta même la corde du museau. Mais l'animal, penaud et lâche (on sait qu'un loup pris n'est pas brave) se tenait blotti sur la neige sans vouloir avancer. Que fit mon paysan? — Il alla le rouler du pied et le frapper de la main pour le faire courir. Alors, se sentant libre et retrouvant enfin son courage, le loup s'élança sur lui, l'œil en feu, la gueule béante. Le pauvre homme n'eut d'autre ressource que de se jeter, à son tour, le ventre dans la neige. Heureusement nous accourûmes en tirant nos poignards circassiens, et tandis que je mettais le mien entre les dents du loup, mon camarade lui porta dans le flanc une légère estocade qui pénétra plus qu'il n'aurait voulu. La lame était entrée jusqu'aux poumons, et il fallut achever l'animal sur place. »

Cet animal féroce a de tout temps excité contre lui la haine et l'adresse de l'homme qui voudrait pouvoir en exterminer la race. On a été quelquefois obligé d'armer tout un pays pour se défaire des loups. Dans le siècle dernier, on a organisé dans le Gévaudan, des chasses composées de plusieurs milliers d'hommes armés sans pouvoir détruire le loup féroce, *la bête du Gévaudan*, qui a causé tant de terreur, et occasionnée tant de désastres, dans ce pays forestier et montagneux. C'est un porte-arquebuse du roi, un sieur *Antoine*, qui a eu l'honneur de jeter bas le terrible animal dont le souvenir s'est conservé dans le pays.

Les chasseurs distinguent les loups en *jeunes loups*, *vieux loups*, *et grands vieux loups*. Ils les connaissent par les *pieds* ou *voies*, c'est-à-dire par les traces qu'ils laissent sur le sol. Plus le loup est âgé, plus il a le pied gros; la louve l'a plus long et plus étroit, elle a aussi le talon plus petit et les ongles plus minces.

On a besoin d'un bon limier pour la quête du loup; il faut même l'animer, l'encourager, lorsqu'il tombe sur la voie.

« Tous les chiens ne chassent pas le loup, dit M. de Cherville. J'ai cité des faits qui démontrent qu'entre les deux races le rapprochement est possible; mais ces rapprochements ne sont que l'exception et n'infirment nullement l'antipathie profonde et vivace qui les sépare; cette antipathie se traduit, le plus souvent, dans l'espèce canine, par la terreur. Mieux doués que nous sous ce rapport, les animaux n'ont pas besoin d'un acte de guerre pour distinguer l'ennemi de leur espèce; ils le reconnaissent à une odeur spéciale, caractéristique, dont leur instinct à la prescience, et qui les remplit d'épouvante, même dans leur plus jeune âge, même lorsqu'ils la sentent pour la première fois. Un cheval sur lequel on essaye de charger le cadavre d'un loup se cabre, se défend et lutte longtemps avant de se résigner à cet odieux contact; la plupart des jeunes chiens prendront la fuite lorsque la brise leur apportera les émanations d'un loup; s'ils ne fuient pas, ils se réfugient dans les jambes du maître, le poil hérissé, l'œil hagard, tremblants, donnant tous les signes de l'effroi. »

La chair du loup est si mauvaise, l'odeur en est si caractéristique, qu'il n'y a guère que les loups qui la mangent volontiers; les chiens ne l'acceptent que lorsqu'elle a subi certaines préparations et qu'on y a joint certains assaisonnements.

On force les loups avec des chiens courants; mais

comme il marche toujours en avant et qu'il court tout un jour sans être rendu, cette chasse n'est pas toujours fructueuse, malgré les nombreux relais disposés par les chasseurs.

Dans les campagnes on fait des battues, on tend des pièges, on présente des appâts, on prépare des affûts; on fait des fosses, on répand des boulettes empoisonnées. Tout cela n'empêche pas que l'on ne rencontre encore beaucoup de ces animaux, surtout dans les pays couverts de bois et de forêts.

Les louvetaux pris jeunes s'apprivoisent, s'attachent à leur maître et sont susceptibles d'une certaine éducation. Au commencement, c'est-à-dire la première et la seconde année, ils sont dociles, même caressants; mais il est bon de veiller sur eux, car leur naturel farouche prend souvent le dessus; on est alors forcé de les enchaîner pour les empêcher de nuire.

Valmont de Bomare raconte qu'herborisant en, 1762, dans les bois de Monthoiron, près Châtellerault, département de la Vienne, il fit la rencontre de six petits loups qui étaient au gîte et qui n'avaient pas plus de huit jours. « J'en pris un, dit-il, et le mis dans un petit lit convenable que je lui fis faire dans ma voiture; je le nourris d'abord de lait, ensuite de pain et de lait, puis de soupe. Il prenait des forces comme s'il eût été nourri par sa mère; ni la fatigue du voyage, ni le changement de nourriture ne l'altérèrent sensiblement. Je le caressais beaucoup et le mettais coucher avec moi. Il me lèchait, venait quand je l'appelais, et commençait déjà à rapporter ce que je lui jetais à une certaine distance. J'essayai de lui faire manger les entrailles d'un poulet qu'on venait de vider; jamais il n'eût si bon appétit, ses caresses redoublèrent : mais, je manquai d'être la victime de ma tentative, qui probablement développa en lui le goût naturel de son espèce, qui est carnivore et même anthropophage dans certains cas; car la nuit suivante rêvant que j'étais en proie à des loups, je me réveillai par l'effet de la peur et de la douleur. Mon louveteau était parvenu à me mordre les cuisses, et suçait le sang qui en sortait. Je ne tardai pas à me défaire de cet animal; et j'ai appris depuis qu'on avait été obligé de le tuer, tant il était disposé à mordre les enfants de la maison où je l'avais laissé. »

Après avoir dit beaucoup de mal du loup, citons en terminant un trait d'attachement qui est tout à l'avantage de ce féroce carnassier :

« Le conseiller d'Etat Mounier, dit Dupont de Nemours, avait lorsqu'il était préfet d'Ille-et-Vilaine, apprivoisé une louve. On lui donnait largement à manger toutes les deux heures : Elle était devenue obéissante, caressante, si attachée à Melle Mounier, que ayant été malheureuse et moins soignée en son absence, elle mourut de joie en la revoyant, comme le pauvre et bon chien d'Ulysse. »

4

Le Renard en maraude. (P. 45.)

CHAPITRE III

Le Renard. — Curieux instincts. — Un animal rusé. — Les Renards chasseurs. — Extrême prudence. — Le terrier. — Les jeunes Renards. — Leur nourriture. — Le renard d'après Buffon. — Esprit et finesse. — Un associé exigeant. — Le Renard calomnié. — Un Renard étranglé. — La chasse au Renard. — Des parents prévoyants. — Un Renard apprivoisé.

Le Renard (*Vulpes vulgaris ou canis vulpes*) ressemble beaucoup au chien, dont il se distingue cependant par la tête qu'il a plus grosse à proportion du corps, et surtout par son intelligence et par les mœurs. Il a aussi les oreilles plus courtes, la queue plus grande, le poil plus long et plus touffu, les yeux plus inclinés. Il en diffère encore par une très forte odeur qui lui est particulière.

Il s'apprivoise difficilement, jamais parfaitement,

languit quand il n'a pas sa liberté, et meurt d'ennui quand on le garde trop longtemps en domesticité.

Le renard a les mêmes besoins que le loup et la même inclination pour la rapine : Il a les sens aussi fins, plus d'agilité et de souplesse mais beaucoup moins de force; cependant, il sait remplacer cette qualité par l'adresse, la ruse et la patience.

Un des premiers effets de l'industrie par laquelle il est supérieur au loup, c'est de se creuser un terrier qui le met à l'abri des injures de l'air et lui sert en même temps de retraite. Pour s'épargner de la peine, il s'empare ordinairement de ceux qu'habitent les lapins; il les en chasse et s'y établit. Lorsque quelque raison le détermine à changer de pays, son premier soin est d'aller visiter tous les terriers dont la position peut lui convenir, surtout ceux qui ont été anciennement habités par des renards. Il les nettoie successivement; et ce n'est qu'après les avoir tous parcourus, qu'il se fixe à la fin : Mais s'il est troublé, même légèrement, dans celui qu'il a choisi, il en change bientôt, et il ne souffre pas que l'inquiétude approche du lieu qu'il destine à sa demeure.

Le renard ainsi établi parcourt en peu de temps tous les alentours de son terrier à une assez grande distance; il prend connaissance des villages, des hameaux, des maisons isolées, et il évente les volailles. Il s'assure des cours où l'on entend des chiens et du mouvement, et de celles où le repos règne; il reconnaît les haies et les lieux couverts qui pourraient, en cas de péril, favoriser son évasion.

Cet attirail de précautions, tant de possibilités prévues, ajoute l'auteur des *lettres sur les animaux*, à qui nous empruntons une partie de ces détails, supposent nécessairement beaucoup de faits déjà connus : Toujours guidé dans sa marche par une défiance raisonnée il se laisse rarement emporter par l'ardeur de poursuivre une proie qui fuit ; il arrive près d'elle en se traînant, et s'en saisit en sautant légèrement dessus. Lorsqu'il est bien assuré que la tranquillité règne dans une basse-cour où il a éventé des volailles, il tâche d'y pénétrer, et son agilité naturelle lui en donne aisément les moyens.

Alors, s'il n'est point troublé, il en profite pour multiplier les meurtres, et il emporte ce qu'il a tué, jusqu'à ce que les approches du jour lui fassent craindre moins d'assurance pour sa retraite. Il amasse ainsi des vivres pour plusieurs jours et cache avec soin tous ses restes pour les retrouver au besoin.

Si le renard est établi dans un pays giboyeux, son industrie a d'autres formes à prendre pour assurer sa voracité : Tantôt il parcourt les campagnes, marche le nez au vent, prend connaissance ou de quelque lièvre au gîte, ou de perdrix couchées dans un sillon ; il en approche en silence, ses pas, marqués à peine sur la terre molle, annoncent sa légèreté et l'intention qu'il a de surprendre Il réussit souvent.

« Le lièvre saisi au bon endroit, dit M. Jobey, se débat vainement sous l'étreinte terrible d'une machoire dont les dents acérées lui pénètrent dans la gorge, pousse un cri d'angoisse, et tout est dit. — Le perdreau n'a pour ainsi dire aucune agonie; un seul *frou-frou* de ses ailes, et le voilà passé du sommeil au trépas. »

Quelque fois sa ressource est dans la patience; il se glisse le long des bois, observe le passage d'un lapin, se cache, attend, et le saisit lorsqu'il rentre sans se douter de la présence d'un ennemi.

Mais la chasse n'est pas toujours immédiatement l'objet des courses du renard :

Quoique déjà rassasié, sa prévoyance active le fait marcher encore, moins dans l'intention de chercher une nouvelle proie, que pour prendre des connaissances plus sûres et plus détaillées du pays qui lui fournit à vivre.

Ils revient souvent aux différents terriers qu'il a nettoyés d'abord; il en fait le tour avec beaucoup de précautions, il y entre et en examine avec soin les différentes gueules; il s'approche par degrés des objets qui lui sont nouveaux; chacun de ses pas vers un objet suspect indique la défiance et l'examen. Cependant avec des appâts dont ils sont friands; on les fait donner dans des pièges qui ne leur sont pas encore connus; mais, dès qu'ils sont instruits, les mêmes moyens deviennent inutiles. Il n'est point d'appât qui puisse alors faire braver au renard le danger qu'il reconnait ou qu'il soupçonne. Il évente le fer du piège; et cette sensation, devenue terrible pour lui, l'emporte sur toute autre impression.

S'il aperçoit que les embûches soient multipliées autour de lui, il quitte le pays pour en chercher un plus sûr. Quelquefois cependant, enhardi par des approches graduelles et réitérées, guidé par le sentiment sûr de son nez, il trouvera le moyen de dérober légèrement et sans s'exposer, un appât placé sur un piège.

Si c'est pour lui un avantage naturel d'avoir une retraite et d'être domicilié, c'est aussi un moyen de plus qu'à son ennemi pour l'attaquer : Il découvre aisément sa demeure et vient l'y surprendre ; mais l'homme a besoin lui-même de beaucoup d'expérience, pour n'être pas mis en défaut par la prudence et les ruses du renard. Si toutes les gueules des terriers sont masquées par des pièges, l'animal les évente, les reconnaît, et plutôt que de s'y faire prendre, il s'expose à une faim cruelle.

On en a vu s'obstiner ainsi à rester jusqu'à quinze jours dans le terrier, et ne se déterminer à sortir que quand l'excès de la faim ne leur laissait plus de choix que celui du genre de mort.

Cette frayeur qui retient le renard n'est ni machinale, ni inactive. Il n'est point de tentative qu'il ne fasse pour s'arracher au péril ; tant qu'il lui reste des ongles, il travaille à se faire une nouvelle issue, par laquelle il échappe souvent aux embûches du chasseur.

Si quelque lapin enfermé avec lui dans le terrier vient à se prendre à l'un des pièges, ou si quelque hasard le détend, l'animal juge que la machine a fait son effet, et il y passe hardiment et sûrement.

La seule passion qui fasse oublier au renard une partie de ses précautions ordinaires, c'est la tendresse pour sa famille : La nécessité de la nourrir lorsqu'elle est enfermée dans le terrier rend le père et la mère plus hardis qu'ils ne le sont pour eux-mêmes, et cet intérêt pressant leur fait souvent braver le péril. Les chasseurs savent bien profiter de cette tendresse du renard pour sa famille.

La communauté de soins et d'intérêts suppose des affections qui s'étendent au-delà des besoins physiques proprement dites. Ces animaux, familiarisés avec les scènes de sang, n'entendent pas sans être émus les cris de leurs petits souffrants.

Les poules ont sans doute le droit de ne pas les regarder comme des animaux compatissants; mais leurs femelles, leurs enfants, tous ceux de leur espèce n'ont pas à s'en plaindre. Cette tendre inquiétude qui porte la femelle du renard à s'oublier elle-même la rend infiniment attentive à tous les dangers qui peuvent menacer ses petits. Si un homme approche du terrier, elle les transporte pendant la nuit suivante : et elle est souvent exposée à déloger ainsi, parce que, c'est précisément quand ils ont des petits, que les renards signalent leur voisinage par des ravages plus grands, et qu'on est plus intéressé à s'en défaire.

On trouve de jeunes renards dès le mois d'avril; il leur faut dix-huit mois ou deux ans pour atteindre toute leur croissance. Le père et la mère les nourissent en commun, et vont pour cela souvent en quête, surtout quand les petits commencent à devenir voraces : Ils leur apportent des volailles, des perdrix, des lapins, des oiseaux gros ou petits, des taupes et des rats. Parfois, parcourant le bord des étangs, ils saisissent des cannetons, des poules d'eau, en rampant avec précautions au milieu des roseaux et des plantes aquatiques. Faute de grives, on mange des merles, dit le proverbe; faute de gibier succulent, maître renard se contente de lézards, de salamandres et de grenouilles.

« En novembre, à l'époque du frai, dit Tschudi, le renard attrape souvent, dans les ruisseaux limpides, quelques truites ou des écrevisses, qu'il aime beaucoup, et qu'il attire, dit-on, en plongeant sa queue dans l'eau. Ses habitudes le mettent en conflit avec les pêcheurs et les oiseleurs, car, lorsqu'il arrive le premier près d'un filet ou d'un piège, comme il a des notions assez larges sur la propriété, il fait son profit de tout ce qui s'y trouve pris. »

Le gaillard sait varier son régime; et, de temps en temps il ajoute des fruits à sa nourriture ordinaire : Les fraises des bois, les cerises qui tombent des arbres, et surtout les raisins qu'il se procure plus facilement, lui constituent un excellent dessert.

Comme l'ours, il est grand amateur de miel, son instinct le conduit près des ruches qu'il ne se fait pas faute de dévaster. Il serait heureux, compère renard, si l'homme, son terrible ennemi n'employait toutes sortes de moyens pour l'exterminer.

« Le renard, dit Buffon, est fameux par ses ruses et mérite en partie sa réputation; ce que le loup ne fait que par la force, il le fait par adresse, et réussit plus souvent. Sans chercher à combattre les chiens et les bergers, sans attraper les troupeaux, sans traîner les cadavres, il est plus sûr de vivre. Il emploie plus d'esprit que de mouvement; ses ressources semblent être en lui-même ; ce sont, comme on le sait, celles qui manquent le moins. Fin autant que circonspect, ingénieux et prudent même jusqu'à la patience, il varie sa conduite; il a des moyens de réserve qu'il sait n'employer qu'à propos. Il veille de près à sa conservation ; quoiqu'aussi infatigable et même plus léger que le loup, il ne se fie pas entièrement à la vitesse de sa course ; il sait se mettre en sûreté en se pratiquant un asile où il se retire dans les dangers pressants, où il s'établit, où il élève ses petits ; il n'est point animal vagabond, mais animal domicilié ; il s'attache au sol lorsque les environs peuvent lui fournir de quoi vivre.

... Le renard n'habite pas toujours son terrier ; c'est une retraite dont il use dans le besoin ; mais il passe la plus grande partie de son temps à se tenir couché dans les lieux les plus fourrés des bois. ».

Il a les sens aussi perfectionnés que le loup, le sentiment plus fin, l'organe de la voix plus souple et plus parfait. Le loup ne signale sa présence que par des hurlements affreux : le renard glapit, aboie, pousse un son triste. Il a des tons différents suivant les sentiments dont il est affecté : Il a la voix de la chasse, l'accent du désir, le son du murmure, le ton plaintif de la tristesse, le cri de la douleur qu'il ne fait jamais entendre qu'au moment où il reçoit un coup de feu qui lui casse quelque membre. Il ne crie pas pour toute autre blessure; et, comme le loup, il se laisse tuer à coups de bâton sans se plaindre, mais toujours en se défendant avec courage; il mord dangereusement, opiniâtrement, et on est obligé de se servir d'un ferrement ou d'un bâton pour le faire lâcher prise.

Son glapissement est une espèce d'aboiement qui se fait par des sons semblables et très précipités; c'est ordinairement à la fin du glapissement qu'il donne un coup de voix plus fort, plus élevé, plus aigu et semblable au cri du paon. En hiver, surtout pendant la neige et la gelée, il ne cesse de donner de la voix; en été, au contraire, il est presque muet.

Les renards dorment une partie du jour; ce n'est à proprement parler que la nuit qu'ils commencent à vivre; leurs projets ont besoin, pour être exécutés, de l'obscurité profonde, de l'absence de l'homme et du silence de la campagne. Leur nez les dirige sûrement dans la recherche de leur proie, et les avertit des dangers qui peuvent les menacer : aussi marchent ils toujours le nez au vent.

Voici comment Buffon reproduit les traits qui caractérisent l'esprit et la finesse du renard qui a toujours été regardé comme le symbole de la ruse :

« Cet animal se loge aux bords des bois, à la portée des hameaux; il écoute le chant des coqs et le cri des volailles, il les savoure de loin; il prend habilement son temps, cache son dessein et sa marche, se glisse se traîne, arrive et fait rarement des tentatives inutiles. S'il peut franchir les clôtures ou passer par dessous, il ne perd pas un instant; il ravage la basse-cour, il y met tout à mort, et se retire ensuite lestement, en emportant sa proie qu'il cache sous la mousse ou qu'il porte à son terrier ; il revient quelques moments après en chercher une autre qu'il emporte et qu'il cache de même, mais dans un autre endroit; ensuite une troisième, une quatrième fois, jusqu'à ce que le jour ou le mouvement dans la maison l'avertissent qu'il faut se retirer et ne plus revenir.

« Il fait la même manœuvre dans les pipées et les boqueteaux où l'on prend les grives et les bécasses au lacet : Il devance le pipeur, va de grand matin et souvent plus d'une fois par jour, visiter les lacets, les gluaux, emporte successivement les oiseaux qui sont empêtrés, les dépose tous en différents endroits, surtout au bord des chemins, dans les ornières, sous la mousse, sous un genèvrier, les y laisse quelquefois deux ou trois jours, et sait parfaitement les retrouver au besoin : Il chasse les jeunes levrauts en plaine, saisit quelquefois les lièvres au gîte, ne les manque jamais lorsqu'ils sont blessés, déterre les lapereaux dans les garennes, découvre les nids de perdrix, de cailles, prend la mère sur les œufs, et détruit une quantité prodigieuse de gibier.

Quelquefois deux renards s'associent pour chasser ensemble le lièvre ou le lapin. L'un des renards poursuit le gibier en jappant comme un chien basset, pendant que l'autre se tient au passage ou sur le bord du terrier, prêt à s'élancer sur le gibier lorsqu'il passera à sa portée. Lorsque le coup réussit les deux braconniers se partagent le butin

« Si l'affûteur a manqué son coup, dit M. Ch. Jobey, il essaye de se rendre compte de sa maladresse; il se remet à son poste, s'élance de nouveau dans le chemin comme si le lièvre y passait encore; il recommence plusieurs fois ce manège; mais, sur ces entrefaites, son associé arrive et devine sur-le-champ la mésaventure. Dans sa mauvaise humeur, le dernier venu se jette sur le maladroit, et les deux renards se battent pendant quelques minutes, puis ils se séparent; l'association est rompue, et chacun s'en va chasser pour son propre compte. »

Sans avoir l'intention de travailler à la réhabilitation du voleur de poules, dont un grand nombre de fermières ont pu apprécier les méfaits, nous empruntons au même auteur les lignes suivantes :

« Les menées de maître renard sont tellement connues du monde entier, qu'il semblerait impossible de calomnier cet astucieux animal; néanmoins, nous devons dire que sa mauvaise réputation sert quelquefois à couvrir les méfaits de certains braconniers, maraudeurs de villages, qui aiment mieux souvent trouver du *poil* et de la *plume* dans la basse-cour de leurs voisins que d'en aller chercher dans les champs et dans les bois environnants.

« C'est ordinairement à l'occasion des mariages, des baptêmes, des fêtes de Noël, des Rois, des jours gras et enfin de la fête patronale du pays, que les maraudeurs de basse-cour se mettent en campagne. Ils ne laissent pas de courir quelques dangers, car il leur faut guetter le moment favorable pour faire leur opération, attendre l'absence des propriétaires et la nuit noire; tromper la vigilance des chiens de garde, etc...

« S'il n'est pas difficile de casser les reins à un lapin de choux, il est plus dangereux de tordre le cou à une poule, à une oie et une dinde; les volailles crient pour un rien, et elles ont la voix perçante. Le coup fait, on met cela tout naturellement sur le dos du renard! car il a bon dos, le renard; à la campagne, il évite souvent de fâcheuses enquêtes. Dans tous les cas, on a le droit d'en médire, et pardieu! de le calomnier : on ne prête qu'aux riches. »

« Il est incroyable, dit Dietrich de Winckell, avec quelle prudence le renard s'approche des pièges qu'on lui dresse. J'eus un jour le plaisir d'en être témoin. C'était en hiver; la trappe avait été placée sur le passage d'un renard; le crépuscule tombait, quand il s'approcha. Il saisit avidement et sans crainte les morceaux les plus éloignés. En mangeant, il s'asseyait en remuant la queue. En approchant de la trappe, il devenait plus prudent, hésitait avant de prendre quelque chose, et tournait autour de l'endroit; il resta bien dix minutes immobile devant l'appât, le regardant avec convoitise, n'osant y toucher; enfin, s'étant rassuré, il le toucha avec la patte, ne put l'amener, fit une nouvelle pause, puis se précipita dessus; mais à l'instant, la trappe jouait, et il était pris au cou. »

La chasse du renard exige moins d'apprêts que celle du loup; elle est plus facile et plus amusante. Tous les chiens ont de la répugnance pour le loup; tous, au contraire, chassent le renard avec plaisir. Dès qu'il se sent poursuivi, il court à son terrier, où les bassets à jambes torses le suivent aisément : De cette façon, on peut capturer une famille entière. Le plus souvent, on le reçoit à coups de fusil.

Le renard est mis au ban de la forêt; on ne lui laisse pas un moment de répit; jamais pour lui la chasse n'est fermée; tous les moyens pour le détruire sont bons. On le tire, on l'empoisonne, on le prend dans des pièges, on le force, on l'assomme à coups de bâton, on le poursuit partout et de toutes manières. Si cet animal était moins fin, moins rusé, moins circonspect l'homme en aurait depuis longtemps fait disparaître la race.

Nous avons dit que les renards sont remplis de sollicitude pour leur petits; un fait cité par Eckström, naturaliste Suédois, indique qu'ils ne les abandonnent pas, même quand ils sont réduits en captivité :

« Dans le voisinage d'une ferme était un terrier où vivait un couple de renards avec ses petits. Le fermier les chassa, mais ne put les saisir. On mit des journaliers à l'œuvre pour découvrir le terrier; on tua deux petits; le troisième, le fermier l'emmena chez lui, lui mit un collier et l'attacha à un arbre devant sa fenêtre. Cela se passait le soir; le lendemain matin, on s'empressa d'aller voir ce qu'était devenu le jeune renard; il était à la même place, ayant devant lui une grosse dinde avec la tête dévorée. On appela la servante qui avait à veiller sur le poulailler, et elle avoua, les larmes aux yeux, qu'elle avait négligé d'enfermer les dindons. Les vieux renards étaient venus dans la nuit, avaient égorgés quatorze dindes et dindons, dont on trouva les débris dispersés dans les cours, et en avaient apporté un à leur petit. »

Lorsqu'ils ont été capturés jeunes, les renards s'apprivoisent assez facilement; ils s'habituent à la nourriture des chiens; et lorsqu'on s'occupe d'eux avec persévérance, ils deviennent gais et pleins de gentillesse.

« J'ai élevé plusieurs renards, dit Lenz; et le dernier que j'ai eu fut le plus apprivoisé; je l'avais eu très jeune. Il commençait seulement à manger, et cependant il était méchant, enclin à mordre, grondait, rongeait la paille, le bois qu'il avait près de lui, même quand rien ne le troublait. Les bons traitements adoucirent bientôt son caractère et il s'apprivoisa au point qu'il me fut possible de lui retirer de la gueule un lapin qu'il venait d'égorger; je mettai même mes doigts entre ses mâchoires sans qu'il essayât de me mordre. Il jouait volontiers avec moi, manifestait la plus vive joie lorsque je le visitais, remuait la queue comme un chien, sautait, gambadait, deci, delà. Il se montrait aussi familier vis-à-vis des étrangers; il les reconnaissait à cinquante pas de distance lorsqu'ils arrivaient au coin de la maison et les invitait, par ses cris à s'approcher de lui, honneur qu'il ne nous accordait pas à mon frère et à moi, probablement parce qu'il savait que nous viendrions quand même.

« Quand un chien s'approchait, il s'élançait sur lui, les yeux étincelants, et en grinçant des dents. Il était aussi gai le jour que la nuit. Il aimait à ronger une chaussure bien graissée. Au commencement, je l'avais laissé seul dans une écurie; si je lui donnais un hamster gros, fort et méchant, ses yeux brillaient, il s'avançait en rampant et guettait. Le hamster grondait, crachait, montrait les dents et commençait l'attaque. Le renard l'évitait, sautait autour de lui, par dessus lui, lui donnant tantôt un coup de patte, tantôt un coup de dent. Le hamster était obligé, pour éviter ces attaques, de se retourner rapidement; il finissait, de guerre lasse, par se jeter sur le dos, cherchait dans cette position à se défendre avec ses griffes et ses dents. Le renard savait que le hamster, renversé de la sorte, ne pouvait se mouvoir; il décrivait alors autour de lui des cercles de plus en plus étroits, le forçait ainsi à se lever, l'attrapait à la nuque et l'égorgeait. Le hamster se campait-il dans un coin, le renard ne pouvait l'y saisir. Cependant il finissait par s'en emparer; il le provoquait jusqu'à ce qu'il fit un bond, et le saisissait au moment où il retombait.

« Il avait atteint la moitié de sa taille, et n'était pas encore sorti, lorsqu'un jour de fête, où quatre-vingts personnes, au moins, étaient rassemblées, je le mis, pour le montrer, sur la marge, large d'un mètre environ, d'un petit bassin. Toute la société se réunit autour de la balustrade. Surpris de se trouver en lieu inconnu et en aussi nombreuse compagnie, le renard fit le tour du bassin, baissant les oreilles, puis les relevant, regardant de tous côtés, montrant qu'il se sentait en danger; il chercha à s'enfuir à travers la balustrade par un endroit que personne n'occupait. Mais il ne put y parvenir. Se figurant alors qu'il serait plus en sûreté au milieu du bassin, il fit un bond et tomba dans l'eau; fort effrayé au moment où il fit le plongeon, il chercha ensuite à se soutenir à la surface, et nagea jusqu'au moment où je vins le retirer.

« Une nuit de brouillard, il quitta son écurie, se promena dans la forêt, et le lendemain se montra à Reinhards-Brunn; là, il se laissa attirer par des gens qui le prirent et me le ramenèrent. La seconde fois qu'il alla ainsi se promener sans permission, je le rencontrai par hasard dans la forêt; il me sauta dessus, plein de joie, et je pus le reprendre. La troisième fois, je le cherchai dans le parc d'Ibenhain, accompagné de seize jeunes garçons. Nous arrivions en masse; il ne parut pas vouloir se laisser reprendre; il s'assit, pensif, près d'une haie et nous regarda avec méfiance. Je m'approchai de lui à pas lents et lui parlai amicalement, espérant pouvoir le saisir, mais, au moment où je me baissais, il sauta par dessus ma tête, s'enfuit et s'arrêta de nouveau à cinquante pas. Je renvoyai toute ma bande, je parlementai avec lui, et bientôt il était sur mes bras.

« La première fois que je lui posai un collier, il bondit de colère, puis il gémit, se tordit, donnant tous les signes des plus fortes coliques, et pendant plusieurs jours refusa obstinément toute nourriture.

« Un jour, je jetai un gros chat dans son écurie, il devint furieux, il grondait, hérissait ses poils, faisait des bonds prodigieux, mais n'osa pas l'attaquer. Vis-à-vis de moi, au contraire, il montra un certain courage. Un jour que j'avais lassé sa patience, il me mordit la main, je lui donnai un soufflet; nouvelle morsure, nouveau soufflet; enfin à la troisième morsure je le saisis au collier, le soulevai, lui donnai une volée de coups de bâton; il en devint furieux, transporté de rage, cherchant toujours à me mordre. Ce fut d'ailleurs, la seule fois où il mordit quelqu'un avec intention, quoique je l'aie conservé pendant des années, et que tous les jours il jouât avec des gens qui souvent le tourmentaient. »

CHAPITRE IV

Le Blaireau. — Description. — Son terrier. — Un propriétaire chassé. — Défense courageuse. — Les Blaireaux apprivoisés. — Les jeunes. — Les mœurs du Blaireau. — Un animal égoïste et paresseux. — Combats de Blaireaux contre des vipères. — Observations sur des Blaireaux apprivoisés.

Le Blaireau commun (*Taxus ou meles vulgaris*) connu vulgairement sous le nom de *Taisson*, est un habitant des bois que tous les naturalistes considèrent comme le type de l'égoïste.

Cet animal, qui ressemble au chien par le museau, est bas sur jambes; il a le corps allongé, le cou court, les oreilles courtes et arrondies, assez semblables à celles du rat domestique, le poil long, très épais, rude comme des soies de porc. Son dos est mêlé de noir et de blanc, ce qui lui a valu dans les campagnes le surnom de *grisart*. Les poils du ventre sont presque noirs contrairement à ce qui se passe dans presque tous les autres animaux dont la coloration du dessous du corps est toujours moins foncée que celle du dos.

Les jambes du blaireau, quoique courtes, sont très fortes ainsi que la mâchoire et les dents; les ongles, surtout ceux des pieds de devant, sont très longs et très fermes. Rangé pendant longtemps parmi les *ours*, à cause de son corps lourd, massif, et de sa marche plantigrade, cet animal est encore maintenu dans cette famille par certains naturalistes; mais, le plus grand nombre le réunissent aux *mustélidés*, dont il se rapproche par son squelette, sa dentition, et la disposition des parties molles.

Le blaireau a des caractères bien tranchés et dignes de remarque qui lui sont propres : Tels sont les bandes alternativement noires et blanches qu'il a sur la tête, et l'espèce de poche qui règne entre l'anus et la queue Cette poche, assez large, ne communique point à l'intérieur; elle pénètre environ à trois centimètres de profondeur, et il en suinte continuellement une liqueur onctueuse, d'assez mauvaise odeur, qu'il se plait à sucer. La queue est courte et garnie de poils longs et forts.

Cet animal est paresseux, défiant, solitaire; il se retire dans les lieux les plus écartés, dans les bois les plus sombres, s'y creuse une demeure souterraine où il passe les trois quarts de sa vie, et d'où il ne sort que pour chercher sa subsistance. Cette demeure, pratiquée sur le flanc le plus exposé au soleil des collines boisées, est tortueuse, oblique, compte de quatre à huit ouvertures et plusieurs couloirs aboutissant à la pièce principale appelée *donjon*.

Maître renard, qui n'a pas la même facilité pour creuser la terre, vient souvent comme un voleur s'emparer du domicile du paisible blaireau. Ne pouvant le contraindre par la force, il n'est pas de moyen qu'il ne mette en œuvre pour l'obliger à quitter sa demeure. La rusée bête l'inquiète en faisant sentinelle à l'entrée du repaire; et, connaissant l'excessive propreté du blaireau, elle l'attaque par son côté faible, se glissant dans le terrier, y déposant des ordures fétides, renouvelant ce stratagème jusqu'à ce que le solitaire n'y tenant plus, et recherchant avant tout sa tranquillité, cède la place, non toutefois, sans pousser force grognements.

Le peu scrupuleux compère s'installe dans le souterrain, l'élargit, l'approprie à sa convenance et s'en fait une habitation confortable.

Le blaireau ne change pas, pour cela, de pays; il va un peu plus loin se pratiquer un nouveau gîte, d'où il ne sort guère que la nuit, d'où il ne s'écarte guère, et où il revient dès qu'il craint quelque danger.

C'est pour lui le meilleur moyen de se mettre en sûreté, car ses jambes courtes ne lui permettent guère d'échapper par la fuite.

Lorsqu'il est surpris par les chiens, il se jette sur le dos, combat longtemps, se défend courageusement et jusqu'à la dernière extrémité, avec ses griffes et ses dents qui font de profondes blessures. Quelquefois, il s'accule comme le sanglier et se lance comme lui sur les chiens. Sa peau, comme sa vie, est si dure, qu'il est peu sensible à leurs morsures; il paraît cependant qu'on le tue facilement en le frappant sur le nez.

La chasse du blaireau est laborieuse; son extrême prudence la rend toujours difficile. Il n'y a guère que les bassets à jambes torses qui puissent entrer dans les terriers. Le blaireau se défend en reculant, et éboule de la terre afin d'arrêter ou d'enterrer les chiens. Lorsqu'on juge qu'il est acculé au fond de sa demeure, on se met à ouvrir le terrier par dessus; on serre l'animal avec de grandes tenailles, et on peut le museler pour l'empêcher de mordre.

Les petits s'apprivoisent aisément; ils jouent avec les jeunes chiens et, comme eux, suivent la personne qu'ils connaissent et qui leur donne à manger; mais ceux que l'on prend vieux demeurent toujours sauvages.

Ils ne sont ni malfaisants, ni gourmands, comme le renard et le loup; ils mangent de tout ce qu'on leur offre : du pain, de la chair, des œufs, etc... mais ils préfèrent la viande cru à toute autre nourriture; ils dorment beaucoup, sans être cependant sujets à l'espèce d'engourdissement qu'éprouvent pendant l'hiver, les marmottes et les loirs. Ce sommeil fréquent fait qu'ils sont toujours gras, quoiqu'ils ne mangent pas beaucoup; et c'est par la même raison qu'ils supportent aisément la diète, et qu'ils restent souvent dans leur terrier trois ou quatre jours sans en sortir, surtout dans les temps de neige.

Les blaireaux, nous l'avons dit, aiment beaucoup la propreté; leur domicile, ventilé par de nombreuses ouvertures, est toujours en ordre; ils n'y font jamais leur ordure et n'y en souffrent d'aucune sorte.

Lorsque la femelle du blaireau a des petits, elle leur apporte à manger dans le terrier. Elle ne quête que la nuit, va plus loin que dans les autres temps; elle déterre les nids des bourdons et en emporte le miel; elle prend les jeunes lapereaux, saisit aussi les mulots, les lézards; les serpents, les sauterelles, enlève les œufs des oiseaux et tout ce qu'elle peut attraper, pour le porter à ses petits, qu'elle fait souvent sortir sur le bord du terrier, soit pour les allaiter, soit pour leur donner à manger.

Les blaireaux sont naturellement frileux; ceux qu'on élève dans la maison ne veulent pas quitter le coin du feu et s'en approchent de si près qu'ils se brûlent les pattes.

On peut, rigoureusement, manger la chair du blaireau; on fait, de sa peau, des colliers pour les chiens, et des couvertures pour les chevaux de trait.

Différents observateurs avaient avancé que le blaireau ne sort jamais d'un terrier tant que le soleil est au-dessus de l'horizon: ce fait est démenti par Tschudi :

« Les mœurs nocturnes du blaireau, dit-il, son aversion pour la lumière, la rudesse de son poil, la ténacité de sa peau, et la ténacité plus considérable encore de sa vie, caractérisent cet animal égoïste et abruti. N'y aurait-il point, comme à propos de toute individualité animale, un parallèle saisissant à établir entre le caractère de certains personnages et celui du blaireau?

« Quoi qu'il en soit, le blaireau ne craint pas autant le jour qu'on le suppose : il craint plutôt les hommes, et ne passe la journée dans son terrier que pour ne pas être dérangé. Un chasseur qui eut le rare bonheur d'observer longtemps et commodément un blaireau en liberté, nous a fourni à cet égard des renseignements qui pourront servir à redresser quelques erreurs. Il fit de fréquentes visites à son terrier qui s'ouvrait au bord d'une crevasse, de manière à laisser pénétrer dans son intérieur les regards d'un observateur placé sur le revers opposé. Ce terrier était fréquenté ; la terre nouvelle déposée devant l'ouverture était si unie et tellement battue, qu'il était impossible de remarquer des traces qui pussent faire conclure à la présence de petits dans l'intérieur.

« Lorsque le vent était favorable, le chasseur rampait sur le bord opposé et se glissait à proximité du trou, d'où il ne tardait pas à voir sortir un vieux blaireau qui, tout en s'étendant en grognant, semblait se trouver fort bien au soleil. Le fait se répéta, et chaque fois que, de jour, le chasseur observa le terrier, il en vit le propriétaire couché au soleil, passer son temps dans une douce quiétude et un *far niente* complet. Tantôt il regardait autour de lui, fixait son regard avec plus d'attention sur certains objets, puis se balançait sur ses pattes de devant, à la manière des ours. De temps en temps son repos était subitement troublé par ses parasites, que quelques coups de griffes et de dents remettaient bientôt à l'ordre. Satisfait de sa vengeance, le blaireau s'étendait alors au soleil avec une recrudescence de bonheur, se plaçait aussi commodément que possible, tournant vers la chaleur tantôt son large dos, tantôt son ventre rebondi. Puis, ce passe-temps paraissant l'ennuyer, il levait le nez, se tournait de tous côtés en flairant et, ne trouvant rien, des velléités de prudence le faisaient rentrer dans sa demeure. Dans une autre occasion, il se réchauffa sur sa terrases, trotta à quelque distance pour se débarrasser des résidus de la nourriture prise la nuit précédente, revint sur ses pas, puis, conformément à ses instincts de prudence et de propreté, il retourna au même endroit et se mit à couvrir de terre ses déjections, afin qu'elles ne pussent pas le trahir. En revenant lentement, il flaira le sol sans s'arrêter à paître, recommença à s'étendre et à s'amuser au soleil, et enfin, lorsque l'ombre des arbres voisins vint l'atteindre, il rentra péniblement et comme à regret dans son terrier, pour y dormir probablement quelques heures et se préparer aux fatigues de la nuit.

« Il n'est peut-être pas d'être plus occupé de lui-même, plus égoïste, défiant et hypocondre que cet animal. »

Le célèbre Lenz, cet observateur si judicieux et si consciencieux, voulut savoir à quoi s'en tenir au sujet de prétendus combats que les blaireaux livreraient à des vipères. Il s'en procura un, grand et fort, qui avait été capturé dans son terrier, et qu'il plaça dans une grande caisse. L'animal restait immobile toute la journée, couché dans le même coin; il ne s'éveillait que vers dix heures du soir et commençait alors à se mettre en mouvement.

« Si je voulais, rapporte Lenz, le faire changer de place, il me fallait le pousser fortement avec une pelle. A ce moment, il soufflait violemment, et produisait, en secouant fortement son ventre, une sorte de bruit de tambour tout particulier; quand il s'élançait pour mordre, il criait comme crie un grand chien ou un ours au moment où il attaque.

« Le premier jour je lui donnai des carottes, et mis dans sa cage un orvet et deux couleuvres.

« Le lendemain, il n'avait encore rien mangé; il avait seulement mordu fortement une couleuvre au milieu du corps; mais elle vivait encore. Le soir, je lui mis deux vipères. Il ne parut pas y prendre garde; leurs sifflements n'arrivèrent pas à troubler son repos; il ne dormait cependant pas, et il les laissa ramper autour de lui comme avaient fait les couleuvres.

« Le troisième jour, il n'avait encore rien mangé, si ce n'est environ dix centimètres de la couleuvre qu'il avait blessé la veille. Je lui donnai encore une mésange morte, un morceau de lapin et des raves.

« Le matin du quatrième jour, je trouvai qu'il avait mangé l'orvet, les deux vipères, une bonne partie des deux couleuvres et de la viande de lapin; il n'avait touché ni à la mésange, ni aux raves, ni aux carottes. Il paraissait très éveillé, les vipères lui avaient fait du bien. Je voulus me donner le spectacle de les lui voir dévorer; mais comment y arriver, l'animal étant très timide et ne mangeant que la nuit?

« J'avais déjà une ruse en vue. Le blaireau aime beaucoup à boire de l'eau fraîche; il arrive que lorsqu'il ne quitte de long temps son terrier, par suite de pièges qu'on lui a tendus, il court à l'eau dès qu'il peut s'échapper, et y boit tant qu'il en meurt. Je laissai donc mon blaireau deux jours sans lui donner à boire, je lui présentai une grande vipère que je venais de plonger dans l'eau fraîche. Dès qu'il sentit l'eau, il se leva et lècha le serpent; celui-ci chercha à échapper; le blaireau le maintint avec ses pattes, lui déchira le corps et parut le dévorer avec plaisir; la vipère ouvrait une gueule menaçante, mais ne mordait pas. Je plaçai alors dans la caisse une gamelle pleine d'eau, le blaireau abandonna la vipère et but avec avidité. Il ne boit pas en lappant, mais il plonge tout le museau dans l'eau et fait aller sa mâchoire inférieure comme pour mâcher. »

Voici d'autres observations rapportées par Brehm, et faites par M. De Pietruski, sur des blaireaux en captivité :

« En mai 1833, raconte-t-il, je reçus une paire de jeunes blaireaux, âgés au plus de quatre semaines. Les premiers jours de leur captivité, ils étaient très craintifs et restaient ramassés en boule toute la journée et toute la nuit. Au bout de cinq jours, cette timidité disparut et ils arrivèrent à prendre leur nourriture dans ma main. Ils mangeaient tout, du pain, des fruits, du laitage, mais ils préféraient surtout la viande crue. Je les tenais dans mon antichambre, et ils accouraient quand on les appelait par leur nom. Cela dura trois semaines, mais toute la nuit ils étaient agités, ils cherchaient sans cesse a creuser; cela me força à les enfermer dans une cage garnie de barreaux en fer, comme celles que l'on voit dans les ménageries, et que j'établis hors de mon appartement; ils y passèrent tout l'été. J'eus soin de tenir cette cage très propre. Mais, en automne, je vis qu'il m'était impossible de les y conserver plus longtemps, leur poil devint sale dès le commencement d'octobre : je résolus alors de les mettre dans les mêmes conditions qu'à l'état de liberté, et cela me réussit parfaitement.

« Je fis établir une forte palissade autour d'une fosse murée, qui avait 20 mètres de diamètre, et dans laquelle on pouvait descendre par un escalier. Dans le fond, je fis construire une petite cabane de 2 mètres de long, 2 mètres de large, et environ un demi-mètre de haut. J'y mis mes blaireaux, et ils ne tardèrent pas à s'accoutumer à ce nouveau logis. Au bout de dix jours, ils commencèrent à se creuser un terrier. Leur activité était infatigable. Ils fouissaient avec leurs pattes de devant et rejetaient avec celles de derrière la terre qu'ils avaient détachée. La femelle montrait plus d'activité que le mâle. En quinze jours, le terrier avait 2 mètres de profondeur, mais il était tout entier dans la cabane qui avait été établie. Les blaireaux se mirent alors à l'élargir, de manière qu'ils y pussent dormir commodément. Ils manquaient de bonne couchette; je remarquai qu'ils ramassaient toute l'herbe qu'ils pouvaient trouver; je leur fis donner du foin, ils surent bien l'employer, et c'était un spectacle très intéressant que de les voir prendre ce foin entre leurs pattes de devant comme font les singes et le transporter dans leur terrier. Ils continuaient cependant à creuser; à côté de leur première pièce, qui leur servait de chambre à coucher, ils en firent une autre, comme chambre de provisions, et trois autres petites, où ils déposaient leurs ordures. Ils n'avaient encore fait qu'une ouverture à l'intérieur de la cabane; ils ne furent satisfaits que lorsqu'ils eurent creusé une sortie à l'extérieur. A ce moment, ils furent parfaitement libres, et purent entrer et sortir à leur gré, et même pénétrer dans le jardin à travers des trous de la palissade.

« C'était charmant que de les voir jouer au clair de lune. Ils aboyaient comme de petits chiens, grognaient comme des marmottes, s'embrassaient tendrement comme des singes, faisaient mille et mille tours.

« Lorsqu'un mouton ou un veau périssaient dans les environs, mes blaireaux étaient aussitôt près de son cadavre. On ne se figure pas quels gros morceaux de chair ils apportaient dans leur terrier de plus d'un quart de lieu de distance. Le mâle s'éloignait peu, mais la femelle me suivait dans toutes mes promenades.

« Ils restèrent les mois de décembre et de janvier blottis dans terrier, et ne sortirent qu'en février; je ne pus, malheureusement continuer mes observations sur ces deux animaux : Le premier avril la femelle fut prise dans la forêt voisine dans un piège à renard et tuée. »

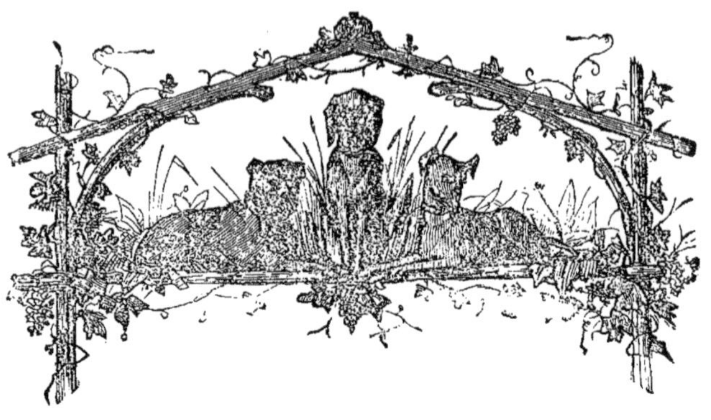

CHAPITRE V

Le Sanglier. — Description. — La Laie et les Marcassins. — Une marâtre. — Termes de chasse. — La chasse au Sanglier. — Mort héroïque. — Un intrépide bûcheron. — Les dangers de la chasse au Sanglier. — Anecdotes. — Armes terribles. — Comment on chassait les Sangliers.

Parmi les hôtes de nos forêts, il en est un qui fait la joie des chasseurs, dont il exerce l'adresse et qu'il met à même de montrer leur intrépidité; mais qui fait le désespoir des cultivateurs dont il dévaste les récoltes, en causant des dégâts très considérable : C'est le SANGLIER (*Aper ou sus scrofa*).

Tous les sangliers ne sont pas aussi terribles que le monstre qui désolait l'Arcadie et dont Hercule s'empara sur la montagne d'Erimanthe; tous ne sont pas aussi redoutables que celui qui avait été suscité par Diane pour ravager le pays de Calydon et dont Atalante, qui l'avait blessé la première, reçut la hure des mains de Méléagre. Cependant, ces récits des temps fabuleux indiquent que le sanglier est un terrible adversaire qui vend chèrement sa vie et ne succombe qu'après avoir bravement combattu.

Le sanglier est la race sauvage dans l'espèce du cochon Quoique ces animaux n'aient à chaque pied que deux doigts qui touchent la terre, et que ces doigts soient terminés par un sabot, ils diffèrent essentiellement des animaux à pieds fourchus. Ils s'en éloignent, non seulement par la conformation des jambes et des pieds, mais encore parce qu'ils n'ont point de cornes, parce qu'ils ont des dents incisives à la mâchoire supérieure, des canines très longues connues sous le nom de défenses et de crochets, et par beaucoup d'autres caractères.

Le sanglier ne diffère à l'extérieur du cochon domestique qu'en ce qu'il a les défenses plus longues, le boutoir plus fort, la hure plus grosse; il a aussi les pieds plus gros, les pinces plus séparées, et le poil toujours noir.

La partie du groin des sangliers et des cochons, à laquelle on donne le nom de *boutoir*, est formée par un cartilage rond qui renferme un petit os.

Le boutoir est percé par les narines et placé au-devant de la mâchoire supérieure; cette partie qui forme le nez a beaucoup de force et sert à l'animal à percer, fouiller et retourner la terre.

Le sanglier à la tête plus longue, la partie intérieure du chanfrein plus arquée, et les défenses plus grandes et plus tranchantes que ne sont les crochets du cochon : sa queue est courte et droite ; il est couvert de soies dures et pliantes, mais il a, de plus, un poil doux et frisé, à peu près comme de la laine. Ce poil est entre les soies ; il a une couleur jaunâtre, cendrée ou noirâtre sur différentes parties du corps de l'animal ou à ses différents âges.

Tant que le sanglier est dans son premier âge, on le nomme *marcassin :* Il porte alors des couleurs qu'il perd dans la suite et qu'on appelle sa *livrée.* Elle forme des bandes qui s'étendent le long du corps, depuis la tête jusqu'à la queue, et qui sont alternativement fauves couleur clair, et mêlées de fauve et de brun. La bande qui se trouve sur le garot et le long du dos est noirâtre ; il y a sur le reste du corps de l'animal un mélange de blanc, de fauve et de brun.

Lorsque le sanglier est adulte, il a le groin et les oreilles noirs, le reste de la tête mélangé de blanc, de jaune et de noir dans quelques endroits. Les soies du dos sont les plus longues ; elles sont couchées en arrière, et si serrées que l'on ne voit que la couleur brune roussâtre qu'elles affectent à la pointe, quoiqu'elles aient aussi du blanc sale et du noir dans le reste de leur étendue.

Les soies des côtés du corps et du ventre ont les mêmes couleurs que celles du dos ; mais, comme elles sont moins serrées, le blanc y paraît avec le brun ; celles des jointures sont de couleurs plus pâles ; le bout de la queue et les jambes sont noirs.

Le sanglier a les sens de la vue, de l'ouïe, de l'odorat meilleurs que le cochon; comme le cochon il est omnivore, mais il ne dévore pas, comme lui, toutes sortes d'ordures; il vit ordinairement de graines, de fruits, de glands, de racines, et n'est pas sujet à devenir ladre. Il fouille la terre plus profondément que le cochon et presque toujours en ligne droite dans le même sillon. Il semble aussi qu'il a plus de sentiment et d'instinct. Les petits sont fidèlement attachés à leur mère, qui paraît aussi plus attentive à leurs besoins que ne l'est la truie domestique.

« La Laie, dit M. de Cherville, reste dans son fort avec ses marcassins pendant trois ou quatre mois; elle est, à cette époque, sans cesse aux aguets, et, en raison de la finesse de son ouïe et de son odorat, il est fort difficile de la surprendre. Si les petits sont attaqués, elle les défend avec un courage, avec un acharnement sans égal, non seulement contre les loups et les chiens, mais contre l'homme lui-même.

« M. Lavallée raconte qu'un bûcheron ayant enlevé un marcassin, fut attaqué par la laie et forcé de se réfugier dans un baliveau; celle-ci se mit à couper avec ses dents le pied de l'arbre, et elle eût fini par le jeter bas, si on ne l'eût elle-même abattue de plusieurs coups de feu.

« Cependant, un ancien piqueur, Clamart, qui a publié les observations puisées dans une pratique de cinquante années, prétend que seule entre toutes les femelles des autres animaux, la laie chassée ne retourne pas à ses marcassins : « Ce sont ceux-ci, dit-il, qui, si jeunes qu'ils soient vont la rejoindre en prenant la fuite dès qu'ils n'entendent plus le bruit de la chasse. » Quelle que soit l'autorité de Clamart, j'ai peine à croire à ce fait qui se concilie si peu avec l'attachement maintes-fois prouvé de la laie pour sa progéniture. »

En terme de chasse, on appelle *bête de compagnie* les sangliers qui qui n'ont pas passé trois ans parce que, jusqu'à cet âge, ils ne se séparent pas les uns des autres, et qu'ils suivent tous leur mère commune : ils ne vont seuls que quand ils sont assez forts pour ne plus craindre les loups.

Ces animaux forment donc, d'eux-mêmes, des espèces de troupes, et c'est de là que dépend leur sûreté lorsqu'ils sont attaqués; ils résistent par leur nombre, ils se secourent, ils se défendent; les plus gros font face en se pressant en rond les uns contre les autres, et en mettant les plus petits au centre.

On chasse le sanglier à force ouverte, avec des chiens, ou bien on le tue par surprise, pendant la nuit, au clair de la lune. Comme il fuit très lentement, qu'il laisse une odeur très forte, qu'il se défend contre les chiens et les blesse dangereusement, il ne faut pas le chasser avec les bons chiens courants destinés au cerf et au chevreuil; des mâtins bien dressés suffisent pour cette chasse.

« On chasse, dit M. De Cherville, le sanglier comme le chevreuil, à cheval pour le forcer, à cheval ou à pied pour le tirer. Dans certains département, et particulièrement dans ceux de l'est et du nord, on se sert contre lui de chiens spéciaux, de *mâtins* qui le coiffent et tournissent ainsi au chasseur le moyen de tuer l'animal, soit au couteau, soit avec une carabine. Enfin, on le chasse encore à l'affût et en battue. L'équipage que l'on emploie contre le sanglier, se nomme le *vautrait.* »

On attaque de préférence les plus vieux que l'on connaît aisément aux traces. Un jeune sanglier de trois ans est difficile à forcer, par ce qu'il court très loin sans s'arrêter, tandis qu'un sanglier plus âgé se laisse chasser de près, n'a pas grand'peur des chiens, et s'arrête souvent pour leur faire tête. C'est un véritable combat dans lequel la défense est toujours digne de l'attaque.

« Que l'on me cite, dit encore M. De Cherville, beaucoup de sangliers qui aient été portés bas par une meute seule et sans aide? Il se retranche devant un arbre, devant un rocher, et le combat commence sur le terrain qu'il s'est choisi, combat terrible, au moins pour les chiens. Ses petits yeux jettent des flammes, son poil hérissé double le volume de son corps ; ses défenses choquent ses grais avec un bruit étrange, sinistre ;de son énorme poitrine sort un souffle puissant que l'on entend à de grandes distances; il est monstrueux et il est superbe de résolution et d'audace. Les chiens forment un large cercle autour de lui, et jettent aux échos des abois particuliers qui font palpiter le cœur de tous les chasseurs; tantôt, immobile, il semble défier ses ennemis, tantôt il piétine dans un cercle étroit avec une agilité indicible, et tantôt enfin, las d'attendre, il s'élance, charge à droite, charge à gauche, ayant un coup de boutoir pour tous les coups de dents, refoulant les masses d'assaillants, les couchant les uns sur les autres, le ventre ouvert, les entrailles pendantes, se débarrassant des plus vaillants qui se sont pendus à ses écoutes, sans se laisser plus décourager par l'acharnement que par le nombre de ses adversaires; tellement enivré de sa fureur meurtrière, qu'il ne recule plus même quand l'homme est devant lui, quand l'œil béant de la carabine, qui va vomir la mort, croise son regard; il tombe aussi fièrement aussi intrépidement qu'il a combattu, et son dernier soupir, entre ses dents contractées, est encore une menace. »

Telle est, en quelques mots, cette chasse fort dangereuse pour les imprudents. Le sanglier n'attaque pas l'homme s'il n'est pas provoqué; mais il ne souffre pas volontiers une offense; et, s'il est excité, il se précipite en aveugle sur l'assaillant.

Un sanglier de forte taille, harcelé par les chiens, en avait éventré plusieurs; échappant à la meute, il se précipita sur un pauvre bûcheron qui prenait tranquillement son repas à quelque distance, à la porte de sa hutte, et qui fut roulé par terre avant d'avoir aperçu son agresseur. Le sanglier allait lui labourer le corps avec ses terribles défenses; mais, le courageux bûcheron fut debout en un clin d'œil; il saisit à deux mains sa lourde hache et l'abattit à plusieurs reprises sur la tête du monstre qu'il n'aurait peut être pas vaincu, si les chiens, restés valides, n'étaient arrivés à son secours suivis bientôt par les chasseurs qui achevèrent la besogne si vaillamment commencée.

Dietrich raconte que, dans sa jeunesse, il fut un jour forcé de pousser son cheval à toute vitesse, pour se soustraire à la fureur d'un sanglier, auquel, en passant, il avait lancé un coup de fouet.

« Le chasseur, dit-il, doit se tenir en garde d'un sanglier blessé. Il fond sur lui avec une vitesse surprenante. Ses boutoirs font des blessures dangereuses; mais rarement il s'arrête, et plus rarement encore il revient sur ses pas. Si l'on ne perd pas la tête, il faut laisser le sanglier arriver tout près de soi, puis se réfugier derrière un arbre, ou seulement faire un saut de côté; le sanglier n'étant pas habile à se retourner passe outre. Si l'on ne peut se sauver ainsi, il ne reste plus qu'à se jeter par terre, l'animal ne pouvant frapper que de bas en haut, et nullement de haut en bas. »

Plus d'un amateur consommé a failli perdre la vie à cette chasse, Hœfer rapporte le fait suivant : « Napoléon Ier, dit-il, raconte, dans le *Mémorial de Saint-Hélène*, le danger qu'il avait couru dans une de ces chasses, comment, dans le bois de Marly, il tint bon, avec Soult et Berthier, contre trois énormes sangliers qui les chargeaient à bout portant. « Nous les tuâmes roide tous les trois, dit-il; mais je fus touché par le mien, et j'ai failli en perdre le doigt que voilà. » — La dernière phalange de l'avant-dernier doigt de la main gauche portait en effet, une forte cicatrice. « Mais le risible, ajouta l'empereur, c'était de voir la multitude, entourée de tous ses chiens et se cachant derrière les chasseurs, crier à tue tête : à l'empereur! Sauvez l'empereur! Mais personne n'avançait. »

« A voir les boutoirs du sanglier, dit Brehm, on juge que cette arme est terrible. Les mâles se distinguent des laies en ce qu'ils sont mieux armés. A deux ans, ces dents apparaissent; à trois ans, celles de la mâchoire inférieure prennent un plus grand développement, se dirigent en haut, et se recourbent légèrement. Les supérieures se recourbent de même en haut, en s'écartant de la mâchoire, mais elles n'ont pas la moitié de la longueur des inférieures. Les boutoirs sont d'un blanc brillant, aigus et pointus, et le deviennent toujours plus par le frottement. Plus l'animal est âgé, plus leur courbure est prononcée, plus aussi ils deviennent forts et longs. Chez le vieux sanglier, le boutoir inférieur se recourbant presque par-dessus le groin, il ne lui reste plus que le boutoir supérieur pour combattre. Les blessures faites par ces armes sont très dangereuses; elles sont mortelles, quand un organe noble est atteint. Le sanglier les enfonce dans les jambes ou le ventre de son adversaire, puis, relevant la tête et la renversant en arrière, il fait d'un coup une plaie profonde et étendue; il perce tous les muscles de la cuisse jusqu'à l'os, ou découd les parois abdominales et déchire les intestins.

« De forts sangliers attaquent des animaux beaucoup plus grands qu'eux; ils peuvent ouvrir à un cheval le ventre et la poitrine. Ceux de six et de sept ans sont plus dangereux que ceux d'un âge plus avancé dont les boutoirs sont fortement recourbées en dedans. »...

... « On se servait autrefois, pour lui faire la chasse, de chiens spéciaux, forts, courageux, rapides.

Les uns levaient le sanglier, les autres le coiffaient. Avant qu'ils eussent pu saisir leur ennemi aux oreilles, plus d'un était blessé, avait le ventre décousu. Des deux côtés on déployait la même valeur, mais sous les coups de huit ou neuf chiens, le sanglier devait finalement succomber. Il cherchait à se couvrir les derrières; il s'acculait à un tronc d'arbre, à un buisson, et frappait à droite et à gauche. Les premiers assaillants étaient les plus meurtris. Mais une fois que l'un avait mordu, il ne lâchait plus, et se laissait plutôt traîner plusieurs centaines de pas. Le sanglier était ainsi maintenue jusqu'à l'arrivée des chasseurs. »

Le marcassin ou jeune sanglier, quand il a passé l'âge de six mois, prend, jusqu'à un an, le nom de *bête-rousse;* à un an, il devient *bête de compagnie;* passé la deuxième année, on le nomme *ragot;* à trois ans faits, il est *sanglier*, ou sangliers à son *tiers ans;* à quatre ans, on le nomme *quartennier;* enfin à cinq ans, il s'appelle *vieux sanglier*, et ne porte plus d'autre nom.

CHAPITRE VI

Une route dans la forêt. — Le Cerf. — Chasse au Cerf. — Description du Cerf. — Ses habitudes. — Son régime. — Termes de vénerie. — Hardes de Cerfs. — Vieux et jeunes Cerfs. — Leurs bois — Cerfs apprivoisés. — Un Cerf effrayé. — Il faut se méfier des Cerfs captifs.

Nous suivons, par une fraîche matinée du mois de mars, la belle route qui traverse la forêt. De chaque côté s'élèvent de hautes futaies de beaux chênes dont les bourgeons gonflés laisseront bientôt s'épanouir leurs feuilles. La flore printanière orne déjà les talus des fossés à la lisière des bois : Des pulmonaires aux feuilles tachetées comme par des gouttes de lait étalent leurs jolies corolles bleues, à côté des grappes de fleurs jaunes des primevères ; partout on sent circuler la sève ; encore quelques jours et la verdure aura envahi et transformé le paysage.

Le Cerf et la Biche. (P. 82.)

Tout à coup une joyeuse fanfare à laquelle se mêle les aboiements d'une meute, éclate dans les profondeurs de la forêt. Nous nous arrêtons pour écouter : Au même instant, les halliers s'écartent, les rameaux se brisent sous les efforts d'un être que nous n'apercevons pas encore; mais qui d'un bond prodigieux, franchit un buisson, et se trouve en travers du chemin, presque sous nos yeux. C'est le premier, le plus grand, le plus distingué des habitants de nos bois; c'est le CERF D'EUROPE, ou CERF COMMUN (*Cervus elaphus*) que nous reconnaissons à sa forme élégante et légère, à sa taille aussi svelte que bien prise, à ses membres flexibles et nerveux, à sa tête parée d'un bois superbe.

Pendant que nous l'examinons à loisir, il tient la tête haute, les oreilles dressées : Il écoute!...

Le son du cor devient de plus en plus distinct, la voix des chiens résonne comme un tonnerre, répercutée par les échos des bois : Le noble animal prend une détermination; il rentre sous bois et semble vouloir revenir au point d'où il est parti. Evidemment, il cherche à dépister les chiens.....

« Au printemps, dit Buffon, lorsque les feuilles naissantes commencent à parer les forêts, que la terre se couvre d'herbes nouvelles et s'émaille de fleurs, leur parfum rend moins sûr le sentiment des chiens, et comme le cerf est alors dans sa plus grande vigueur, pour peu qu'il ait d'avance, ils ont beaucoup de peine à le rejoindre. Aussi les chasseurs conviennent ils que cette saison est celles de toutes où la chasse est la plus difficile, et que dans ce temps, les chiens quittent souvent un cerf mal mené pour tourner à une biche qui bondit devant eux; et de même, au commencement de l'automne, les limiers quêtent sans ardeur : l'odeur forte de l'animal leur rend peut-être la voie plus indifférente; peut-être aussi tous les cerfs ont-ils, dans ce temps, à peu près la même odeur. En hiver, pendant la neige, on ne peut pas courre le cerf, les limiers n'ont point de sentiment, et semblent suivre les voies plutôt à l'œil qu'à l'odorat. Dans cette saison, comme les cerf ne trouvent pas à brouter, à *viander* dans les forêts, ils en sortent, vont et viennent dans les parages les plus découverts, dans les petits taillis, et même dans les terres ensemencées. »

De ce qui précède nous conclurons que l'été est la saison la plus convenable pour courre le cerf. Mais, continuons l'histoire de ce gracieux animal.

Le cerf a l'odorat exquis, l'oreille excellente; lorsqu'il écoute, il lève la tête, dresse les oreilles, et alors, il entend de fort loin. Lorsqu'il sort de l'épaisseur du bois et qu'il se trouve dans un taillis, ou dans quelqu'autre endroit à demi découvert, il s'arrête pour regarder de tous côtés et cherche ensuite le dessous du vent pour sentir s'il n'y a pas quelqu'un qui puisse l'inquiéter. Il est d'un naturel assez simple, et cependant il est curieux. Lorsqu'on le siffle ou qu'on l'appelle de loin, il s'arrête tout court et regarde fixement et avec une espèce d'admiration les voitures, le bétail, les hommes; et, s'ils n'ont ni armes, ni chiens, il continue à marcher d'assurance et passe fièrement et sans fuir : Il paraît aussi écouter avec autant de plaisir que de tranquillité le chalumeau ou le flageolet des bergers, et les veneurs se servent quelquefois de cet artifice pour le rassurer.

En général, il craint beaucoup moins l'homme que les chiens, et témoigne d'autant plus de confiance qu'il n'a jamais été inquiété.

Il mange lentement, choisit sa nourriture; et, lorsqu'il est repu, il cherche un endroit tranquille pour se reposer et ruminer à loisir.

Il a la voix d'autant plus forte, plus grosse et plus tremblante, qu'il est plus âgé. A certaines époques, il *rait* d'une manière effroyable; il est alors si transporté qu'il ne s'inquiète ni ne s'effraie de rien. Ces symptômes se manifestent en automne; on peut, à cette époque, le surprendre aisément; et comme, dans ce moment, il est surchargé de chair, il ne tient pas longtemps devant les chiens. En revanche, il devient dangereux quand poussé à bout, près d'être pris, il est aux abois; il se jette sur la meute avec une espèce de fureur, et souvent il tue ou estropie plusieurs de ses adversaires, avant de tomber lui-même sous le coup de couteau ou de carabine du chasseur.

Le cerf ne boit guère en hiver et encore moins au printemps : L'herbe tendre, fraîche, chargée de rosée lui suffit; mais dans le chaleurs et les sécheresses de l'été, il va boire aux ruisseaux, aux mares, aux fontaines; à certains moment, il cherche l'eau partout, non plus seulement pour apaiser sa soif mais pour se baigner et pour se rafraîchir le corps. Il nage bien, traverse de larges rivières, et l'on prétend même qu'il se jette à la mer et peut passer d'une ile à une autre distante de plusieurs lieues. Il saute très légèrement et quand il est poursuivi, il franchit des haies, des palissades de plus deux mètres de hauteur.

La nourriture des cerfs diffère suivant les diverses saisons : En automne, ils recherchent les bourgeons des arbustes verts, les fleurs de bruyère, les feuilles de ronces ; en hiver, lorsque la neige couvre la terre, ils pèlent les arbres se nourrissent, d'écorce, de mousses, de lichens ; lorsque le temps est doux, ils vont paître dans les blés ; au commencement du printemps, ils broutent les chatons des trembles, des saules, des coudriers, les fleurs et les boutons du cornouillier ; en été, ils n'ont que l'embarras du choix ; mais ils préfèrent les seigles, à tous les autres grains, et les pousses de bourdaine, à tous les autres bois.

Les chasseurs distinguent le *daguet*, ou jeune cerf portant les *dagues*, c'est-à-dire sa première *tête* ou son premier *bois* qui lui vient au commencement de la seconde année; le *jeune cerf*, qui est dans la troisième, la quatrième, ou la cinquième année de sa vie; le *cerf de dix cors jeunement*, qui est dans sa sixième année ; le *cerf de dix cors*, qui est dans la septième; et le *vieux cerf*, qui a dépassé la huitième année.

En général, ces animaux sont portés à demeurer ensemble et à marcher de compagnie; ils se rassemblent en petites troupes, ou *hardes*, dès le mois de décembre; et pendant les grands froids, ils cherchent à se mettre à l'abri dans des endroits fourrés où ils se tiennent serrés les uns contre les autres, et se réchauffent de leur haleine. A la fin de l'hiver, ils gagnent le bord des forêts et sortent souvent dans les blés.

Au printemps, leur bois tombe; la *tête*, c'est-à-dire le bois entier, se détache d'elle-même, ou par un petit effort qu'ils font en accrochant à quelques branche; il est rare que les deux côtés tombent exactement en même temps, et souvent il y a un ou deux jours d'intervalle entre la chute de chacun des côtés de la tête.

La *biche* se distingue du cerf en ce qu'elle n'a pas de cornes; mais le cerf qui a perdu son bois serait souvent confondu avec la biche si les veneurs ne savaient discerner les empreintes du pied que ces animaux laissent sur le sol.

Les bois des vieux cerfs tombe vers la fin de février ou au commencement de mars; ceux des dix cors, vers le milieu ou la fin de mars, et toujours de plus en plus tard suivant l'âge des sujets.

Dès que les cerfs ont perdu leurs bois, ils se séparent les uns des autres, et il n'y a plus que les jeunes qui demeurent ensemble; ils s'éloignent des forêts, gagnent les beaux pays, les buissons, les taillis clairs où ils demeurent une partie de l'été pour y refaire leur tête. Dans cette saison, ils marchent la tête basse; ils craignent de la froisser entre les branches, car elle est très sensible, tant qu'elle n'a pas pris son entier accroissement. La tête des plus vieux n'est encore qu'à moitié refaite vers le milieu de mai, et n'est tout à fait allongée et endurcie que vers la fin de juillet.

Peu de temps après ils reviennent dans les forêts : ils

raient alors d'une voix forte; on les voit quelquefois, en plein jour traverser les guérets et les plaines; ils se livrent entre eux de grands combats, luttent à outrance, et par fois se blessent à mort.

La production rapide du bois du cerf, dépend de la surabondance de nourriture : Quand il habite dans un pays plantureux, où il n'est troublé ni par les chiens, ni par les hommes, il aura toujours la tête belle, haute, bien ouverte; l'*empaumure*, ou racine du bois, sera large et bien garnie; le *mérain*, ou tige des cornes sera gros et bien perlé, avec des *andouillers*, ou branches, forts et longs. L'animal, au contraire, qui séjourne dans un pays où il n'a ni repos, ni nourriture suffisante, n'aura qu'une tête mal nourrie, dont l'empaumure sera serrée, le mérain grêle, les andouillers menus et en petit nombre.

Ceux qui se portent mal, qui ont été blessés, ou seulement inquiétés ou courus, prennent rarement une belle tête et beaucoup de viande.

Le bois du cerf est d'une substance très différente de celle des cornes et des défenses des autres animaux; il est solide dans toute son épaisseur, et croît par son extrémité supérieure, comme les arbres; c'est une véritable production végétale par la manière dont il se développe, dont il se ramifie, se durcit, se sèche et se sépare; car il tombe de lui-même après avoir pris son entière solidité, comme un fruit dont le pédicule se détache de la branche au temps de sa maturité. Il est d'abord tendre comme l'herbe et se durcit ensuite comme le bois.

La peau qui s'étend et qui croît avec lui est son écorce; tant qu'il croît, l'extrémité supérieure demeure toujours molle. Il se divise aussi en plusieurs rameeaux : Le mérain est l'arbre; les andouillers en sont les branches.

La tête des cerfs va chaque année en augmentant en grosseur et en hauteur, depuis la seconde année de leur vie jusqu'à la huitième; elle se soutient toujours belle pendant toute la vigueur de l'âge et décline quand ces animaux deviennent vieux. Il est rare que les plus beaux portent plus de vingt ou vingt-deux andouillers.

La grandeur et la taille des cerfs varient suivant les lieux qu'ils habitent : Les cerfs de plaines, de vallées ou de collines abondantes en grains ont le corps beaucoup plus grand et les jambes plus hautes que les cerfs des montagnes sèches arides et pierreuses.

« Dans les pays où l'on ne le chasse pas, dit Brehm, le cerf est très confiant. Au Prater de Vienne, il y a continuellement des troupeaux nombreux de ces superbes animaux ; ils se sont parfaitement habitués à la foule des promeneurs, et, comme je m'en suis assuré moi-même, ils laissent sans crainte approcher un homme jusqu'à trente pas.

« Un d'entre eux était même devenu assez hardi pour s'approcher des restaurants pour , courir entre les tables et lécher la main des dames; c'était sa façon de demander du sucre ou des gâteaux. Jamais il ne fit de mal à qui le traitait bien. Le tourmentait-on, il montrait son bois; ce cerf périt d'une manière fort malheureuse. Par un mouvement maladroit, il eut un andouiller pris dans le dossier d'une chaise, et renversa, en voulant se dégager, la personne qui occupait le siège. La frayeur lui fit engager plus encore le bois; irrité, excité par ce fardeau, il courut alors comme un fou dans les promenades, effarouchant les autres cerfs, se précipitant sur les passants : C'est au point qu'on fut forcé de le tuer. »

« A. Dessau, dit Dietrich de Winckell, il y a dans chacun des deux parcs, de soixante-dix à quatre-vingts cerfs. Se sont-ils éloignés pour paître, un chasseur à cheval peut facilement les ramener. Quand on a mis du foin dans leurs rateliers, jeté à terre de l'avoine ou des glands, ils arrivent à l'appel; ils sont tellement tranquilles que le chasseur, qu'ils connaissent, peut circuler autour d'eux, en toucher même quelques-uns. C'est un spectacle charmant pour les amateurs de la chasse.

Il en est autrement quand le cerf est enfermé dans un petit espace. La moindre chose l'irrite, et il peut devenir dangereux. Il fronce la lèvre supérieure, son œil étincelle; il baisse subitement la tête, dirige la pointe des andouillers contre son ennemi, et fond sur lui avec une rapidité telle qu'il est bien difficile d'échapper. Quoiqu'il arrive rarement qu'un cerf attaque son adversaire, les faits de ce genre ne manquent cependant pas, et l'on en connaît quelques exemples. Les anciens traités de chasse sont remplis d'histoires de cerfs qui, sans aucun motif, ont attaqué, blessé et même tué des personnes. « En 1637, raconte Flemming, on nourrissait chaque jour de la cuisine du château de Hartenstein un jeune cerf et une pauvre fille. En automne, le cerf rencontra la malheureuse enfant dans la forêt et la tua. Il paya cette action de sa vie et fut jeté aux chiens. »

Dans les jardins zoologiques où ils perdent peu à peu leur timidité, ils sont encore plus dangereux que dans les parcs ou dans les forêts.

Lenz a vu près de Cobourg un cerf qui avait tué deux enfants; il était devenu également dangereux pour son gardien et se précipitait sur lui quand il feignait de ne pas vouloir lui donner à manger.

« Ce furieux quadrupède, raconte-t-il, quand je le vis, avait perdu son bois et n'avait que des saillies encore molles; il était donc peu dangereux. Je priai son gardien de chercher du fourrage, de me le passer par poignée dans la main gauche, ma main droite étant armée d'un fort gourdin. Je lui donnai à manger. Quand je ne lui en fournissais qu'une poignée, il se reculait comme pour prendre un élan, fronçait méchamment le museau, me regardait en louchant d'un air furieux, mais se retirait dès que j'agitais mon bâton; il revenait ensuite paisiblement quand je lui tendais de nouveau de la nourriture. »

« A Gotha, dit encore Brehm, un cerf apprivoisé, dans un accès de fureur, donna à son gardien qu'il semblait beaucoup aimer, un coup de corne dans l'œil, qui pénétra jusqu'au cerveau. A Potsdam, un cerf blanc apprivoisé tua de même son gardien, auquel il montrait d'ordinaire beaucoup d'attachement.

« La biche n'a jamais de pareils accès de méchanceté; son œil roux et ouvert est le fidèle miroir de ses sentiments. Elle ne le cède pas en prudence au cerf, et c'est toujours une biche qui conduit le troupeau, jusqu'à ce que les vieux cerfs s'y soient joints. »

CHAPITRE VII

Une gracieuse famille. — Le Chevreuil. — Mœurs. — Habitudes. — Régime. — Une histoire originale. — Ivrognes et gendarmes. — Difficulté d'apprivoiser les Chevreuils. — Les Chevreuils dangereux. — Brocarts et Chevrettes. — Chien et Chevreuil. — Un charmant animal. — La chasse au Chevreuil. — Chasses réprouvées.

Lorsque vers la fin de mai ou le commencement de juin le naturaliste fait une excursion silencieuse à travers bois, il a quelquefois la bonne fortune de rencontrer dans une clairière toute parfumée de la suave odeur du muguet et de la jacinthe, les animaux les plus charmants de la forêt.

Ils sont là tout gracieux, tout séduisants. La famille est au complet : Le mâle portant avec une coquette désinvolture sa jolie tête bien proportionnée, et ornée d'un bois chargé de quatre andouillers; la femelle avec son regard profond et mystérieux qui s'arrête avec inquiétude sur deux jeunes faons, frêles créatures entourées d'amour et de sollicitude.

Le CHEVREUIL COMMUN (*Cervus capricolus* ou *capricolus vulgaris*) est un animal très élégant qui pourrait inspirer nos poètes comme la gazelle inspire les poètes de l'Orient.

« Il a, dit Buffon, plus de grâce, plus de vivacité et même plus de courage que le cerf; il est plus gai, plus leste, plus éveillé; sa forme est plus arrondie, plus élégante et sa figure plus agréable; ses yeux surtout sont plus beaux, plus brillants et paraissent animés d'un sentiment plus vif. Ses membres sont plus souples, ses mouvements plus prestes; il bondit sans effort avec autant de force que de légèreté. Sa robe est toujours propre, son poil net et lustré; il ne se roule jamais dans la fange comme le cerf; il ne se plaît que dans les pays les plus élevés, les plus secs, où l'air est le plus pur. Il est encore plus rusé, plus adroit à se dérober, plus difficile à suivre; il a plus de finesse, plus de ressources, d'instincts. »

Il diffère du cerf par sa taille qui est plus petite, par son tempéramment, par ses mœurs, et presque par toutes ses habitudes naturelles.

Ces animaux savent se soustraire à la poursuite des chiens par la rapidité de leur course, par leurs détours multipliés. Ils n'attendent pas, pour employer la ruse, que les forces viennent à leur manquer. Ils reviennent sur leurs pas, retournent, reviennent encore; et, lorsqu'ils ont confondu par leurs mouvements opposés la direction de l'aller avec celle du retour, lorsqu'ils ont mêlé les émanations présentes avec les émanations passées, ils s'enlèvent de terre par un bond rapide, et se jetant de côté, ils se mettent ventre à terre, laissant, sans bouger, sans que rien trahisse leur présence, passer là, tout près d'eux, la troupe entière de leurs ennemis.

Les chevreuils ne se mettent pas en *hardes;* ils ne marchent pas en troupes, comme les cerfs, mais ils demeurent en famille. Le père, la mère et les petits vont ensemble; ils ne s'associent jamais avec des étrangers; ils sont constants dans leur union.

Comme la chevrette produit ordinairement deux faons, ces jeunes animaux élevés, nourris ensemble, prennent une si forte affection l'un pour l'autre qu'ils ne se quittent jamais; après s'être éloignés de leurs parents, ils vont tous deux s'établir à quelque distance des lieux où ils ont pris naissance.

La chevrette cache ses petits dans le plus fort du bois, pour éviter le loup qui est son plus dangereux ennemi. Au bout de dix ou douze jours, les jeunes faons ont déjà pris assez de force pour suivre leur mère. Lorsque la petite famille est menacée de quelque danger, elle les conduit dans des endroits fourrés et se laisse chasser pour les préserver.

Vers la fin de la première année, leur bois commence à paraître sous forme de deux *dagues* beaucoup plus petites que celles du cerf.

Le chevreuil perd son bois vers la fin de l'automne et le refait pendant l'hiver. Lorsqu'il refait sa *tête*, il touche au bois comme le cerf, pour la dépouiller de la peau dont elle est revêtue.

A la seconde *tête*, il porte déjà deux *andouillers* sur chaque côté; à la troisième, il en a trois ou quatre; ce nombre est de quatre ou cinq l'année d'après, mais on n'en voit rarement davantage.

Tant que la *tête* des chevreuils est molle, elle est extrêmement sensible; ils marchent avec précaution, et la portent basse pour ne pas toucher aux branches.

En hiver, les chevreuils se tiennent dans les taillis les plus fourrés où ils vivent de ronces, de genêts, de bruyères, de chatons de coudriers, de saule marsaut, etc. Au printemps, ils se rendent dans les taillis plus clairs, broutent les boutons et les feuilles naissantes de presque tous les arbres; cette nourriture chaude fermente dans leur estomac, et les enivre de manière qu'il est alors très aisé de les surprendre; ils ne savent où ils vont; ils sortent même assez souvent hors du bois, et approchent quelquefois du bétail et des endroits habités.

M. De Cherville raconte à ce sujet, avec beaucoup de verve et d'*humour*, une singulière histoire de chevreuil :

« Il y a deux ou trois ans, dit-il, un homme du village de la Queue, dans le département de Seine-et-Marne, revenait chez lui dans cet état de jubilation bachique, qui fait d'un simple mortel l'égal des Dieux. Notre homme s'en allait, battant non pas les murailles, mais les tas de pierres, lorsqu'à deux kilomètres du bourg, au moment où il essayait de recouvrer son équilibre qu'un malencontreux fossé avait gravement compromis, il aperçut à dix pas de lui un animal, au pelage fauve, qui lui parut endormi. C'était un chevreuil qui, sous l'influence pernicieuse du *brout*, était venu induire les passants en tentation. Sans se laisser attendrir par la similitude de leurs situations réciproques, recouvrant immédiatement ce qu'il lui fallait de raison pour calculer la valeur de l'aubaine, — il n'y a rien de telle que la cupidité pour dégriser les ivrognes, — il le saisit et s'en empara. N'ayant point d'armes pour le mettre à mort, et tenté peut-être par le prix supérieur que la marchandise vivante conserve sur celle qui ne l'est plus il lui attacha les pattes avec un mouchoir, et, l'ayant chargé sur ses épaules, il essaya de l'emporter. Malheureusement ces préparatifs, dissipant les vapeurs des pousses de bourdaine, avaient aussi rendu au chevreuil le sentiment de la situation : il se débattit si bien, qu'il fallut poser le fardeau par terre pour aviser. Le paysan était inventif; il ôta sa blouse, fit passer la tête du chevreuil par le collet, en noua les manches au tour du cou de l'animal, et, en rapprochant le bas en forme de sac, il se trouva avoir improvisé une camisole de force qui devait paralyser tous les mouvements du prisonnier. Il venait de terminer ces dispositions, lorsqu'il entendit une voix railleuse lui demander s'il avait besoin d'aide : en se retournant, il vit deux gendarmes qui, sans autre préambule, lui déclarent un procès-verbal; — il paraît que, plus heureux que nous, qui y laissons notre supériorité humaine, le chevreuil ne perd point, dans l'ivresse, ses droits au beau titre de gibier. — Le braconnier improvisé avait beau protester de son innocence, l'un des gendarmes enregistrait sur son carnet, les noms, prénoms et qualités du délinquant, tandis que l'autre s'occupait à rendre le captif à la liberté. Malheureusement, celui-ci, dans l'élan de l'acte généreux qu'il allait accomplir, en combina mal les incidents; il commença par dénouer les nœuds du mouchoir qui enserraient les pattes de l'animal, et celui-ci ne fut pas plus tôt débarrassé de ses entraves, que, renversant son libérateur, il s'élança dans la direction du bois, un peu gêné dans sa marche par la blouse qu'il n'avait pas eu le temps de restituer à son propriétaire, mais cependant, assez rapidement, grâce aux nombreux accrocs que ses sabots y pratiquèrent, pour enlever à ce dernier l'espoir de la recouvrer promptement. Je vous laisse à penser quelle dut être l'étonnement de la chevrette lorsqu'elle vit son conjoint revenir à elle sous ce déguisement. Quant à l'autre ivrogne, j'ignore si la perte de sa blouse lui fut comptée dans son procès comme circonstance atténuantes. »

En été, les chevreuils restent dans les taillis élevés, et n'en sortent que rarement, pour aller boire à quelque fontaine, dans les grandes sécheresses; car pour peu que la rosée soit abondante, ou que les feuilles aient été mouillées par la pluie, ils se passent de boire.

Ils cherchent la nourriture la plus fine et ne mangent pas avidement comme les cerfs; ils ne broutent pas non plus indifféremment toutes les herbes, et ne vont que rarement aux gagnages, parce qu'ils préfèrent la bourdaine et la ronces aux grains et aux légumes.

Ils ne raient pas aussi fréquemment, ni avec autant de force que les cerfs; leur voix est claire et brève, plus grave dans le mâle que dans la femelle. Lorsqu'ils sont blessés, ils font entendre une sorte de bramement plaintif.

Les jeunes ont un cri particulier, une petite voix courte et plaintive : « *Mi... mi...* » par laquelle ils marquent le besoin qu'ils ont de nourriture. Les braconniers imitent aisément ce cri d'appel, et la mère ainsi trompée, arrive jusque sous le fusil du chasseur.

Les chevreuils sont très difficiles à élever; leur délicatesse sur le choix de la nourriture, et le besoin qu'ils ont de mouvement, d'air et d'espace, font qu'ils ne résistent que pendant les premières années de leur jeunesse aux inconvénients de la vie domestique.

On peut les apprivoiser, mais non pas les rendre obéissants, ni même familliers; un rien les épouvante et ils se précipitent contre les murailles, avec tant de force, que souvent ils se brisent quelque membre. Même quand on les croit apprivoisés, il faut se méfier d'eux : Les mâles, surtout, sont sujets à des caprices dangereux quand ils prennent certaines personnes en aversion; alors ils s'élancent, donnent des coups de tête assez forts pour renverser un homme, et ils le foulent ainsi avec les pieds lorsqu'ils l'ont renversé.

« Il faut apprivoiser des chevrettes et non des brocarts, dit Brehm, car ceux-ci, en vieillissant deviennent méchants et impudents. Ils ont perdu leur timidité innée; ils connaissent l'homme, savent qu'ils n'ont rien à craindre, ni de sa part, ni de celle des chiens, et, incommodes pour tous, ils sont même dangereux pour les enfants.

« Un jeune chevreuil qu'avait un ami de mon père, s'était mis dans la tête que la niche du chien lui était une couchette très convenable; il y allait quand l'idée lui en prenait. *Basco*, le légitime propriétaire, y était-il, il le frappait de ses pattes de devant, jusqu'à ce que le pauvre chien eut pris la fuite la tête basse, la queue entre les jambes. Il savait bien qu'il ne pouvait toucher au favori de son maître; il était obligé de lui céder.

» De vieux brocarts s'élancent parfois sur des enfants, et surtout sur des femmes, et peuvent les blesser grièvement avec leurs cornes; il ne faut donc pas les élever. »

« Un de mes frères, dit Winckell, avait une chevrette apprivoisée qui paraissait se complaire dans la société des hommes. Souvent elle se couchait à nos pieds, ou profitait volontiers de la permission qu'on lui donnait de se coucher sur le canapé, aux côtés de ma belle-sœur. Elle jouait avec les chiens et les chats. Ceux-ci la maltraitaient-ils, elles les en punissait en leur donnant des coups de pattes. Elle sortait soit avec nous, soit toute seule; mais alors un brocard se joignait d'ordinaire à elle et l'accompagnait jusqu'à l'entrée du village. . . . .

« Me croirait-on, si je disais que ce charmant animal, qui portait, pour se distinguer, un collier avec une clochette, fut tué par quelque méchant qui nous est toujours resté inconnu. Un jour, nous la trouvâmes dans les blés, atteinte d'un coup de feu, et à une époque, où, dans nos environs du moins, aucun de ceux qui avaient le droit de chasse n'aurait tiré sur une chevrette. »

C'est malheureusement la fin de la plupart des animaux apprivoisés qui sortent librement.

La chair des chevreuils est estimée; mais sa qualité dépend beaucoup du pays qu'ils habitent; ceux des pays élevés et des collines sont les plus délicats.

Il paraît que ceux dont le pelage est brun, ont la chair plus fine que les roux. Les mâles qui ont passé deux ans, et les chevrettes mêmes plus âgées ont la chair plus tendre; ceux que l'on appelle *vieux brocards*, sont durs et d'assez mauvais goût; celle des faons de un an à dix-huit mois est parfaite.

Il faut des bois assez vastes pour assurer la multiplication du chevreuil; il est nécessaire d'en assurer la tranquillité en détruisant les renards, en restant plusieurs années sans tuer un chevreuil; et, plus tard, en ne chassant que les brocards. Ce qui est indispensable, surtout, c'est de garantir le gibier de l'atteinte des braconniers.

On chasse le chevreuil aux chiens courants et en battues; mais le *collet* demeurera longtemps le plus grand de tous les destructeurs.

M. De Cherville raconte, comment, dans le département des Ardennes, les braconniers tuent une grande quantité de chevreuils, pendant l'hiver :

« Quatre ou cinq individus, dit-il, armés de fusils, se réunissent. L'un d'eux est muni d'une de ces clochettes que l'on attache au col des vaches avant de les lâcher dans les bois. Ils cherchent sur la neige une voie de chevreuil : lorsqu'ils l'ont trouvée, les tireurs cernent l'enceinte dans laquelle la rentrée est indiquée.

« L'homme à la cloche marche dans le pied du chevreuil, et par le bruit de la sonnette, il indique de temps en temps, à ses compagnons, la direction dans laquelle il avance. On fouille successivement plusieurs enceintes, jusqu'à ce que l'on arrive à celle où le chevreuil est rembûché. Trompé par le tintement monotone que l'habitude lui a rendu familier, celui-ci ne bondit ordinairement que lorsqu'il aperçoit le chasseur, auquel il fournit ainsi l'occasion de faire feu de ses deux coups. S'il échappe, l'homme fait résonner sa sonnette à tour de bras; l'animal épouvanté s'enfuit sans songer à tenter un hourvari et va passer où il est attendu. J'espère pour l'honneur des Ardennes, que les gardes de ce pays font preuve de plus de sagacité que le chevreuil, qu'ils savent comprendre, au moindre bruit de clochette, que nul de leurs compatriotes n'a été assez ennemi de sa propriété pour envoyer ses bestiaux brouter la neige, et qu'ils ne laissent que bien rarement l'occasion de constater une aussi agréable multiplication de délits. »

CHAPITRE VIII

Un proscrit de la création. — Le Lièvre commun. — Lièvres savants. — Récits de chasse. — Chasses légendaires. — Les ruses d'un vieux Lièvre. — Où l'on trouve les Lièvres. — Supériorité de la chasse aux chiens courants. — Un Lièvre de Bresse. — Parterre ravagé. — Dans la cave. — Intervention. — Une capitulation forcée.

Le Lièvre commun (*Lepus timidus*), est peut être, de tous les animaux le moins favorisé de la nature; ses ennemis sont innombrables ; et, cet « éternel proscrit de la création » est toujours et partout environné de dangers, de pièges et d'embûches.

Ce tremblant animal ne sait que fuir; ce sont des craintes, des transes de tous les instants; il n'ose presque, se montrer dans les champs. Il passe la plus grande partie du jour au gîte, où il dort, mais d'un sommeil léger, et les yeux ouverts; et il n'est pas possible de mieux exprimer les inquiétudes qu'il éprouve que ne l'a fait, lui-même, le lièvre de La Fontaine :

« Les gens de naturel peureux
« Sont, disait-il, bien malheureux!
« Ils ne sauraient manger morceau qui leur profite :
« Jamais un plaisir pur; toujours assauts divers.
« Voilà comme je vis : Cette crainte maudite
« M'empêche de dormir sinon les yeux ouverts. »

Le lièvre ne semble vivre et respirer que la nuit : C'est alors qu'il prend sa nourriture, qu'il joue, qu'il saute, qu'il gambade avec ses compagnons; et encore, un souffle, une ombre, un rien..... le bruit d'une feuille qui tombe, suffit pour mettre le désarroi dans cette réunion nocturne dont tous les membres fuient dans des directions différentes :

« Corrigez-vous, dira quelque sage cervelle.
« Eh! la peur se corrige-t-elle ? ».....

Les lièvres se nourrissent d'herbes, de racines, de feuilles, de fruits, de grains, et préfèrent les plantes dont la sève est laiteuse; ils rongent l'écorce des arbres pendant l'hiver, et il est à remarquer qu'ils ne s'attaquent jamais à l'aulne et au tilleul.

Quand on les saisit ou qu'on les blesse, ils font entendre un son assez fort qui se rapproche de la voix humaine.

Dans le premier âge, on peut les apprivoiser; ils sont doux, deviennent même caressants et sont susceptibles d'une sorte d'éducation; mais, ils ne s'attachent jamais assez pour devenir animaux domestiques; et, il faut dépenser beaucoup de temps et de patience pour dompter l'humeur farouche qui est la conséquence de leur excessive timidité.

On en voit qui s'acquittent parfaitement de leur emploi dans une barraque de bateleurs : Comme ils s'asseyent volontiers sur leurs pattes de derrière et qu'ils peuvent se servir de celles de devant comme de bras, on les dresse à battre du tambour ou à gesticuler en cadence. Il en est qui, comme les serins et les chardonnerets savants, tirent des coups de pistolet.

Si le lièvre dort les yeux ouverts, c'est que ses paupières sont trop petites pour recouvrir l'œil, même pendant le sommeil; sa vue est médiocre; ses yeux, placés obliquement de chaque côté de la tête, sont comme deux sentinelles qui surveillent à droite et à gauche, mais qui ne voient rien de ce qui se passe en face; aussi, un lièvre en marche vient, de fort loin, droit au chasseur qui l'attend. En revanche, l'ouïe et très fine; les oreilles sont des intruments d'acoustique admirablement façonnés, que l'animal peut, à son gré, diriger dans toutes les directions; ils les remue avec une extrême facilité, et ce sont elles qui servent à le diriger dans sa course.

Il a les jambes de devant beaucoup plus courtes que celles de derrière aussi court-il plus facilement en montant qu'en descendant; lorsqu'il est poursuivi, son premier soin est de gagner la colline ou la montagne. Son mouvement dans la course est une espèce de galop, une suite de sauts très prestes et très pressés;

il marche sans faire aucun bruit, parce qu'il a les pieds garni de poils, même par dessous.

Les lièvres multiplient rapidement, mais la destruction de ces animaux est si grande, qu'il n'y a pas à s'inquiéter des dommages qu'ils peuvent causer; on ne saurait, au contraire, prendre trop de mesures pour assurer la conservation de ce précieux gibier.

Les petits levrauts ont les yeux ouverts dès leur naissance; la mère, ou *hase*, les allaite pendant une vingtaine de jours, après quoi ils s'en séparent en trouvant eux-mêmes leur nourriture. Ils ne s'écartent pas beaucoup les uns des autres, ni du lieu où ils sont nés. Cependant, ils vivent solitairement et se forment chacun un gîte à une distance, de soixante ou quatre-vingts pas environ. La plupart ont, au sommet de la tête, une petite marque blanche que l'on appelle *l'étoile*, qui, ordinairement disparaît à la première mue et reste, quelquefois, jusqu'à un âge plus avancé. Ils prennent, en une année, presque tout leur accroissement, et la durée de leur vie est d'à peu près sept à huit ans. Mais, bien peu atteignent la limite de cette courte existence.

Malgré sa timidité si grande, sa poltronnerie légendaire, nous aurions peut être tort de retirer notre estime à ce malheureux deshérité, toujours entouré d'embûches qui a pu dire :

« Je crois même qu'en bonne foi
« Les hommes ont peur comme moi. »

Si la nature a donné aux lièvres des sens moins

bons qu'à beaucoup d'autres animaux, elle leur permet d'avoir des ruses qui donneraient de la jalousie au renard. Ils ne manquent ni d'instinct, pour leur propre conservation, ni de sagacité pour échapper à leurs ennemis.

Le lièvre se forme un gîte, et il sait choisir en hiver les lieux qui sont exposés au midi; en été, au contraire; il se loge au nord. En plein champ, il se cache entre des mottes qui sont de la couleur de son poil.

On en a vu qui, étant chassés, passaient les étangs à la nage, et allaient se cacher au milieu des joncs.

Il n'est pas un vieux chasseur qui n'ait poursuivi un lièvre extraordinaire, et qui n'aime à en raconter les prouesses. A Dieu ne plaise que je mette en doute la véracité des récits de ces fervents disciples de Saint-Hubert.

Qui ne connaît l'histoire de ce lièvre fameux qui, chaque jour, était lancé par les chiens et dont la piste se perdait chaque jour au bord d'un cours d'eau, toujours au même lieu? Il n'était pourtant pas admissible qu'il eût traversé la rivière en cet endroit; du reste, la voie était brusquement interrompue, trop loin de la rive pour admettre qu'il eût pu, de ce point, se jeter dans l'eau. On désespérait de trouver le mot de l'énigme lorsqu'un paysan qui avait éventé la ruse vint la faire connaître aux chasseurs : Après s'être laissé chasser, quelque temps, après avoir croisé et recroisé les voies pour ne pas inspirer de méfiance à ceux qui le poursuivaient, il se dirigeait vers la rivière; et là, d'un bond rapide, véritable saut périlleux capable de déconcerter le meilleur acrobate, il disparaissait dans le tronc caverneux d'un vieux saule!.....

Un autre exécutait le même manège et allait se cacher dans les décombres d'une vieille muraille en ruines. On en a vu se blottir dans un terrier, d'autres se réfugier dans les bergeries et se mêler parmi le bétail, dans les champs.

« De tous les animaux qui vivent d'herbes, dit un vieil auteur, celui qui paraît le plus stupide est, peut-être le lièvre. La nature lui a donné des yeux faibles et un odorat obtus : Si ce n'est l'ouïe qu'il a excellente, il paraît n'être pourvu d'aucun instrument d'industrie. D'ailleurs, il n'a que la fuite pour moyen de défense; mais aussi semble-t-il épuiser tout ce que la fuite peut comporter d'intentions et de variétés. Je ne parle pas d'un lièvre que des lévriers forcent par l'avantage d'une vitesse supérieure, mais de celui qui est attaqué par des chiens courants. Un vieux lièvre, ainsi chassé, commence par proportionner sa fuite à la vitesse de la poursuite. Il sait, par expérience, qu'une fuite rapide ne le mettrait pas hors de danger, que la chasse peut être longue, et que ses forces ménagées le serviront plus longtemps. Il a remarqué que la poursuite des chiens est plus ardente et moins interrompue dans les bois fourrés, où le contact de son corps leur donne un sentiment plus vif de son passage, que sur la terre, où ses pieds ne font que poser; ainsi il évite les bois et suit presque toujours les chemins (ce même lièvre, lorsqu'il est poursuivi à vue par un lévrier, s'y dérobe en cherchant le bois). Il ne peut pas douter qu'il ne soit suivi par les chiens courants, sans être vu; il entend distinctement que la poursuite s'attache, avec scrupule, à toutes les traces de ses pas. Que fait-il? Après avoir parcouru un long espace en ligne droite, il revient exactement sur ses mêmes voies. Après cette ruse, il se jette de côté, fait plusieurs sauts consécutifs, et par là, dérobe aux chiens, au moins pour un temps, le sentiment de la route qu'il a prise. Souvent, il va faire partir du gîte un autre lièvre dont il prend la place. Il déroute ainsi les chasseurs et les chiens par mille moyens qu'il serait trop long de détailler. Ces moyens lui sont communs avec d'autres animaux, qui, plus habiles que lui d'ailleurs, n'ont pas plus d'expérience à cet égard. Les jeunes animaux ont beaucoup moins de ces ruses. C'est à la science des faits que les vieux doivent les inductions justes et promptes qui amènent ces actes multipliés. »

En général, tous les lièvres qui sont nés dans le lieu même où on les chasse, ne s'en écartent guère; il revient au gîte, et si on les chasse deux jours de suite, ils font le lendemain les mêmes tours détours et qu'ils ont fait la veille. Lorsqu'un lièvre va droit et s'éloigne beaucoup du lieu où il a été lancé, c'est une preuve qu'il est étranger et qu'il n'était en ce lieu qu'en passant. Il arrive souvent en effet que des lièvres, surtout pendant les mois de janvier et de février s'éloignent à plusieurs lieues de leur domicile habituel; mais lorsqu'ils sont lancés par les chiens, ils regagnent leur contrée et ne reviennent plus.

La chasse du lièvre se fait sans appareil et sans dépense : Les braconniers, peu scrupuleux, vont, le matin et le soir, au coin du bois, attendre le lièvre à sa rentrée ou à sa sortie ; c'est la chasse à l'*affût*.

Pendant le jour, on le cherche dans les endroits où il se gîte. D'aucuns prétendent que lorsqu'il y a de la fraîcheur dans l'air, par un soleil brillant, et que le lièvre vient se gîter après avoir couru, la vapeur de son corps forme une petite fumée que les chasseurs aperçoivent de fort loin, surtout si leurs yeux sont exercés à cette espèce d'observation. Cette version rencontre beaucoup d'incrédules.....

Le lièvre se laisse ordinairement approcher de très près, surtout si l'on ne fait pas semblant de le regarder ; et si, au lieu d'aller directement à lui, on tourne obliquement pour l'approcher.

Il se tient volontiers en été dans les champs, en automne dans les vignes, en hiver dans les buissons et dans les bois ; et l'on peut le forcer à la course avec des chiens courants. Autrefois, on employait pour s'en emparer, des oiseaux de proie dressés, mais cette chasse est depuis longtemps abandonnée.

Le pauvre animal, répétons-le, est entouré d'ennemis de toutes sortes : Les ducs, les buses, les aigles, les renards, les loups, les hommes, lui font également la guerre. Il n'échappe que par hasard ; et, il est bien rare qu'il puisse jouir du petit nombre de jours que la nature lui a compté.

C'est surtout le perfide *collet* du braconnier qui fait, parmi les lièvres, de nombreuses victimes.

La chasse du lièvre au chien d'arrêt, dit Toussenel, ne vaut pas une mention spéciale; ce n'est pas chasser que de tirer un lièvre qu'un chien vous montre et qui vous part dans les jambes; la battue devrait être prohibée, car c'est le massacre et la destruction. Le spirituel écrivain donne la préférence à la chasse au chien courant; et il paye aussi son tribut d'hommages aux ruses du lièvres :

« Le lièvre, dit-il, n'a pas étudié le code civil; mais nul légiste ne connaît mieux que lui les entraves qu'apporte à la liberté illimitée du droit de chasse, le droit de la propriété individuelle. Il spécule sur ces entraves; il sait l'inviolabilité du domicile du citoyen sous le régime constitutionnel; il en réclame le bénéfice pour lui, toutes les fois que l'occasion s'en présente; il ne craint pas d'invoquer le droit d'asile du potager ou du parterre, quand la meute le sert de trop près.

« J'ai connu un lièvre de Bresse dont le bonheur était de s'épanouir et de s'étirer au soleil au pied d'un jeune épicéa isolé au milieu d'une vaste pelouse, comme pour tenter la sensibilité du chasseur. J'ai donné une fois dans le piège. La pelouse n'était séparée que par un fossé en ruine, d'une forêt de dahlias, de rosiers et de chrysanthèmes, remplissant la presque totalité d'un parterre au-devant d'une riche demeure, alors inhabitée par ses maîtres, et confiée à la garde de quelques serviteurs hors d'âge. La pelouse semblait de loin prolonger le parterre, et l'épicéa faisait point de vue. Il fallait que l'animal fut parfaitement au courant de tous ces détails pour affecter la tranquillité d'âme avec laquelle il attendait l'attaque de mes chiens. J'ai observé par deux fois sa tactique. Il ne se levait du gîte qu'après un long *rapprocher*, et lorsque le chien de tête n'était plus qu'à deux pas de lui, afin d'entraîner tous les chiens sur sa voie par un *à vue* furieux. Alors, notre bête endiablée traversait légèrement le fossé, pénétrait sous les voûtes sacrées des dahlias, y décrivait plusieurs circuits, gagnait le perron de la demeure, puis, doucement, s'insinuait dans l'étroit soupirail de la cave, au fond de laquelle il allait chercher un asile sous des tonneaux. Et alors les chiens de faire vacarme au milieu du parterre et de saccager les plates-bandes, et tous les gardiens du poste d'accourir; armés de faux et de fourches, de jurer, de tempêter et d'arrêter les chiens; bref, de me forcer à une capitulation déraisonnable en espèces pour me tirer de là! Ce ne fut pas moi qui payai les dahlias cassés, la seconde fois, mais un ami trop jeune, qui avait le tort de ne pas croire aux perfidies du lièvre et qui exigeait une leçon : j'eus grand soin de lui présenter le lièvre de l'épicéa, comme une rencontre de hasard, comme une connaissance de huit jours. »

La nature du terroir influe sur ces animaux plus sensiblement que sur aucun autre. Les lièvres de montagne sont plus grands, plus bruns sur le corps et plus blancs sous le cou que les lièvres de plaine; ces derniers sont petits et presque rouges. Dans les hautes montagnes et dans les rudes pays du nord, ils deviennent blanc pendant l'hiver, et reprennent en été leur couleur ordinaire. Les lièvres des pays chauds sont plus petits que ceux des pays tempérés et septentrionaux.

CHAPITRE IX

Parmi le thym et la rosée. — Jeannot Lapin. — Dans la clairière. — Le Lapin de garenne. — Instinct des Lapins. — La Rabouillère. — Les jeunes Lapins. — Autorité paternelle. — Nourriture des Lapins. — Incroyable fécondité. — Les dunes. — Jugement trop sévère. — Un jeune lapin apprivoisé.

Le soleil n'est pas encore à l'horizon ; le crépuscule du matin, commence à détacher la masse sombre des arbres sur le ciel éclairci. Nous arrivons à la lisière du bois, où, un petit sentier nous permet d'atteindre le bord d'une jolie clairière. Quelle est cette ombre aux formes indécises qui glisse sur le gazon? Elle s'allonge et se raccourcit alternativement ; elle avance par saccades : C'est Jeannot Lapin qui vient « faire à l'aurore sa cour, parmi le thym et la rosée. »

Le Lapin et son terrier. (P. 112.)

Si vous troublez sa béatitude, vous le ferez fuir en décrivant sous bois, à travers les bruyères, les plus capricieux méandres. Il s'arrête, écoute pour fuir encore; il ne s'arrête définitivement qu'au seuil de sa demeure souterraine ou il ne se hâte cependant pas de rentrer : il gratte la terre, secoue la tête, se débarbouille, lustre son poil et disparaît enfin dans son terrier.

Si rien n'est venu troubler les ébats des lapins et que la journée promette d'être belle; ils ne rentrent pas dans leurs trous; vous ne les rencontrerez point, cependant, dans les endroits découverts.

Après qu'ils ont « brouté, trotté fait tous leurs tours », ces démons familiers de nos bois se tiennent blottis au soleil au milieu des herbes parfumées, ou sous le couvert des ronces entrelacées. Vous pourrez passer et repasser à côté d'eux, ils ne bougeront point; ce n'est que si, par hasard, votre pied se lève pour les écraser qu'ils détaleront. Vous les verrez alors bondir en frappant la terre de leurs pattes de derrière qui se détendent comme des ressorts; c'est à peine si vous aurez eu le temps de les apercevoir; vous n'entendrez que le bruit de leur rapide passage à travers les herbes.

Le Lapin de garenne (*Lepus cuniculus*) a plus de sagacité et plus de ressources que le lièvre pour échapper à ses ennemis. Il se creuse un terrier où il habite en sûreté avec sa famille, où il élève ses petits et d'où il ne les fait sortir que lorsqu'ils sont assez forts pour se dérober par la fuite aux poursuites dont ils sont l'objet; tandis que les levrauts périssent en grand nombre dans le premier âge, et ont plus à souffrir alors que dans tout le reste de leur vie.

Cet instinct qui porte les lapins à se creuser un terrier est propre à l'individu sauvage ; et, ce qui semble prouver que son industrie est le fruit de la nécessité, c'est que les lapins de *clapier* ou lapins domestiques qui n'ont pas les mêmes inconvénients à craindre et les mêmes dangers à courir s'épargnent ce travail pénible.

« Les lapins, dit l'auteur des *Lettres sur les animaux*, que nous avons plusieurs fois cité, vivent en société; mais si ces animaux, faibles et timides, acquièrent, quand à leur sûreté, toutes les connaissances qu'ils peuvent obtenir de leur organisation, ils sont dominés par une inquiétude continuelle, trop occupante pour laisser beaucoup de temps à la réflexion. Cependant, si nous pénétrons dans l'intérieur de leurs habitations, nous pouvons remarquer l'art de la distribution de leurs logements, et un ensemble de précautions qui les mettent à l'abri des accidents qui les menacent. Les terriers sont ordinairement placés de manière à n'être pas exposés aux inondations : l'entrée masque en partie l'intérieur du domicile; la multiplicité des chambres qui se communiquent, et les détours des corridors lassent et rebutent souvent le furet qui pénètre dans la demeure. Le lapin, assez instruit pour préférer de se laisser tourmenter dans son terrier au péril qu'il courrait à en sortir, trouve un asile presque assuré dans ce labyrinthe. Mais d'ailleurs ces animaux, forcés de brouter l'herbe où elle se trouve, ne peuvent être d'aucune utilité les uns aux autres quant à la recherche des besoins de la vie. »

Ce n'est pas dans ces grands terriers que la *Lapine* dépose ses petits : Quelques jours avant leur naissance, elle en dispose un nouveau, quelquefois dans un bois, plus souvent dans la campagne. Ce trou, de profondeur variable, est creusé en zig-zag, et se nomme *rabouillère*, c'est là qu'avec beaucoup d'industrie, la lapine prépare le berceau de ses enfants : Elle y accumule des feuilles, des brins d'herbes sèches, des menues branches pour garantir sa famille de l'humidité; elle s'arrache sous le ventre une assez grande quantité de poil dont elle compose un chaud matelas pour recevoir ses nourrissons.

Pendant les deux premiers jours, elle ne quitte pas ses petits ; elle ne sort que quand les besoins la pressent, et revient dès qu'elle a pris de la nourriture. Dans ces premiers temps, elle mange beaucoup et fort vite; c'est ainsi qu'elle soigne et allaite ses petits pendant plus de six semaines.

Jusqu'alors, le père ne les connaît point; il n'entre pas dans ce terrier qu'à creusé la mère; souvent même, quand elle en sort, elle en bouche l'entrée avec des feuilles, de l'herbe, des branches, de la terre détrempée de son urine.

Buffon prétend que lorsque les petits commencent à venir au bord du trou et à manger du séneçon et d'autres herbes, la mère les lui présente, et qu'alors le père semble les reconnaître, les prend dans ses pattes, leur lustre le poil, leur lèche les yeux, et que tous, les uns après les autres, ont également part à ses soins.

Beaucoup d'observateurs contestent l'opinion du grand naturaliste et prétendent que, même à cette époque de leur existence, les petits s'empressent de se réfugier dans la rabouillère, dès qu'un vieux mâle se dirige de leur côté.

La paternité, dit encore Buffon, paraît être fort respectée parmi les lapins, et l'on remarque beaucoup de déférence et de subordination de la part de toute la famille pour son chef. Voici ce que lui écrivait, à cet égard, un gentilhomme de son voisinage : « La paternité, chez ces animaux, est très respectée; j'en juge ainsi par la déférence que tous mes lapins ont eue pour leur premier père, qu'il m'était facile de reconnaître, à cause de sa blancheur, et qui était le seul mâle que j'aie conservé de cette couleur. La famille avait beau s'augmenter, ceux qui devenaient pères à leur tour lui étaient toujours subordonnés ; dès qu'ils se battaient, soit parce qu'ils se disputaient la nourriture, soit pour toute autre cause, le grand-père, qui entendait du bruit, accourait de toute sa force, et dès qu'on l'apercevait, tout rentrait dans l'ordre; et s'il en attrapait quelques-uns aux prises, il les séparait et en faisait sur-le-champ un exemple de punition. »

Je doute, dit un spirituel écrivain, que si notre grand-père commun Adam revenait au monde, il trouvât en nous des petits-enfants aussi soumis, et que sa seule présence suffit pour que tout rentrât dans l'ordre.

Les lapins vivent de huit à neuf ans, et leur grosseur n'est pas aussi variable que celle du lièvre. Ils se nourrissent d'herbes, de racines, de grains, de légumes, de fruits, de baies, de feuilles et d'écorces d'arbres ou d'arbrisseaux; ils consacrent la nuit entière à chercher leur nourriture et broutent encore très souvent pendant la journée. Ils sont moins difficiles que le lièvre sur le choix des aliments. Lorsque la neige couvre la terre, les écorces étant à peu près leur seule nourriture, ils causent de grands dégâts dans les jeunes taillis et surtout dans les plantations d'arbres fruitiers.

Des lapins enfermés dans une île et se voyant sur le point d'être submergés, au moment d'une inondation, ont eu l'instinct de grimper ou de sauter sur les arbres; et là, pendant plusieurs jours, ils ont vécu aux dépens des peupliers et des saules, jusqu'à ce que, les eaux s'étant retirées, ils aient pu reprendre leur régime habituel.

Tous les lapins sauvages sont gris; les lapins de clapier, comme les autres animaux domestiques, varient pour la couleur : Il y en a de blancs, de noirs, de gris; cette dernière couleur est cependant encore la couleur dominante.

Ces animaux, originaires des pays chauds, ne se trouvaient autrefois en Europe, que dans la Grèce et l'Espagne. Ils se sont, depuis, naturalisés dans des climats plus tempérés, comme en Italie, en France, en Allemagne; mais, dans les climats froids du nord, on ne peut les élever que dans les maisons. Ils aiment, au contraire, une chaleur excessive et ils se trouvent dans toutes les parties méridionales de l'Asie et de l'Afrique. On en trouve aussi dans les îles d'Amérique, où ils ont été transportés d'Europe, et où ils ont parfaitemen réussi.

Quelque pauvre et stérile que soit un sol sablonneux, quelques faibles ressources alimentaires qu'il puisse fournir, les lapins s'y multiplient avec une rapidité incroyable. C'est ainsi qu'on a utilisé, pour les mettre en valeur, des terrains conquis sur la mer et que leur aridité condamnait à rester toujours improductifs. Les lapins peuplent et animent les dunes de l'Angleterre, de l'Irlande, de la Hollande et même du Danemark. Leur chair et leur peau font l'objet d'un important commerce. Ils réussissent si bien dans ces sables, que l'évêque de Derry, en Irlande, retirait annuellement douze mille lapins de l'une de ses garennes.

En France, ils constituent également l'unique revenu de certaines landes. Depuis Boulogne-sur-Mer, jusqu'à l'embouchure de la Somme, sur une longueur de plus de quatre kilomètres, les dunes incultes abritent une multitude de lapins qui sont une précieuse ressource pour la contrée.

Parlons maintenant de l'étonnante rapidité avec laquelle se propage la race des lapins :

« La fécondité du lapin, dit Lage de Chaillou, est très grande; cependant, elle a été singulièrement exagérée par certains naturalistes. Wotten a prétendu que d'une seule paire, qui avait été mise dans une île, il s'en trouva six mille au bout d'un an. N'ayant pas d'île à notre disposition, nous n'avons pu renouveler l'expérience de Wotten autrement que sur le papier, et voici le résultat que nous avons obtenu : En supposant deux lapins qui seraient, eux et leur progéniture, à l'abri de toute cause de destruction; en admettant que ces lapins produisent régulièrement tous les mois une portée de quatre petits, que le nombre des femelles soit à celui des mâles comme deux est à un, qu'ils donnent des petits au commencement du quatrième mois de leur existence, nous obtenons une population totale de mille huit cent quarante-huit lapins, ce qui, au bout d'un an, est déjà une jolie postérité. »

Un naturaliste a calculé qu'en admettant pour chaque femelle sept portées par an, chacune de huit petits, en obtient en quatre ans le chiffre énorme de un million, deux cent soixante-quatorze mille, huit cent quarante individus!

Le lapin a, comme le lièvre, la lèvre supérieure fendue jusqu'aux narines, les oreilles allongées, les jambes de derrières plus longues que celles de devant, la queue courte. Il y a sur le lapin, comme sur le lièvre deux sortes de poils, l'un plus long et un peu plus ferme que l'autre qui est doux comme du duvet.

Les lapins passent la meilleure partie de la journée dans un état de demi-sommeil, le soir, ils sortent pour aller aux gagnages, et ils y restent une partie de la nuit. Ils s'écartent quelquefois jusqu'à un demi kilomètre pour chercher la nourriture qui leur convient. Ils sortent aussi, au moins une fois le jour, particulièrement lorsque le temps est serein, mais ils ne s'écartent pas beaucoup de leur retraite.

S'il doit arriver un orage pendant la nuit, il est pressenti par les lapins; ils l'annoncent par un empressement prématuré à sortir et à paître; ils mangent alors avec une activité qui les rend distraits sur le danger et on les approche aisément. Si quelque chose les oblige de rentrer dans leur terrier, ils ne tardent pas à ressortir.

Ordinairement, ils ne se laissent pas si facilement approcher; ils éprouvent l'inquiétude qui est la conséquence naturelle de leur faiblesse; cette inquiétude se manifeste par le soin qu'ils ont de de s'avertir réciproquement : le premier qui aperçoit un danger frappe la terre et fait, avec les pieds de derrière, un bruit dont les terriers retentissent au loin. Tout rentrent précipitamment; les vieilles mères restent derrières, sur le trou, et frappent du pied sans relâche, jusqu'à ce que toute la famille soit rentrée.

« Le lapin, dit Brehm, passe pour un type de couardise et de simplicité, pour ne pas dire de niaiserie. Cette opinion nous paraît beaucoup trop sévère. Il nous semble qu'il fait preuve de malice et d'une certaine hardiesse dans la conduite qu'il tient lorsqu'il est chassé. Plus défiant et plus rusé que le lièvre, il ne se laisse jamais à peu près jamais surprendre au pâturage, et sait presque toujours trouver un refuge. Au découvert, et en course droite, il serait bien vite atteint par les chiens. S'il est poursuivi par de grands chiens, dont le galop frénétique ne lui laisse pas un moment de répit, assurément, il ne s'amusera pas en route, il rentrera le plus vite possible au terrier. Mais s'il ne voit à ses trousses que de simples bassets, il prend volontiers son temps, et c'est à se demander s'il ne fait pas de la chasse une partie de plaisir. En quelques bonds, il a dépisté les chiens; alors il s'arrête, il écoute, il fait le tour d'un arbre ou d'un buisson; voici les chiens, il détale, et de nouveau les met en défaut; nouvelle pause : il s'assoit, prend ses aises, se caresse les oreilles et le museau avec ses pattes de devant, comme pour narguer meute et chasseurs. Il se fera battre ainsi sous bois pendant une grande heure dans un arpent de terrain, et presque toujours il s'en tirerait sans une égratignure, si l'homme n'était là, caché sous la feuillée avec un fusil. Et notez que ce jeu a pour accompagnement un tonnerre d'aboiements furieux, et qu'une fausse manœuvre aurait la mort pour résultat.

« Il sait à merveille faire des crochets; pour le chasser, il faut un chien très bien dressé et un excellent tireur. Sans doute nous ne prétendons pas que le lapin soit un foudre de guerre, ni même un docteur en rouerie; il ne viendra dans la pensée de personne de dire : « Maître lapin », comme on dit : « Maître renard »; mais enfin nous soutenons que le surnom de Jeannot conviendrait mieux à un autre qu'à lui. »

M. De Cherville dit que le lapin sauvage est susceptible d'éducation comme le lièvre, mais qu'il possède à un autre degré la faculté de s'attacher à celui qui l'élève et le soigne. Voici ce qu'une dame écrivait au naturaliste anglais Jesse :

« Un soir, au printemps dernier, mon chien aboya contre quelque chose caché derrière un pot de fleurs qui se trouvait dans mon vestibule. Je trouvai là un jeune lapin de l'espèce sauvage. La pauvre créature était dans un état d'épuisement, comme si elle eût été chassée ou si elle fût restée longtemps sans prendre de nourriture; ce lapereau se tint coi dans ma maison et souffrit que j'introduise un peu de lait dans sa bouche. Après avoir été enveloppé dans une flanelle et placé devant le feu dans une corbeille, il s'endormit. Je continuai à lui donner du lait à l'aide d'une cuiller, jusqu'à ce qu'il fût assez fort pour prendre lui-même ce breuvage dans une tasse. Il s'apprivoisa presque immédiatement, je le nommai Bunny; il apprit à entendre son nom, et je ne vis jamais un plus gai et plus heureux favori. Je le nourrissais de verdure qu'on plaçait sur le tapis, et tout en mangeant, Il exécutait des gambades pleines de drôlerie. Satisfait et repu, il avait l'habitude de grimper sous ma robe et de s'établir sur mes genoux ou sous mon bras où il s'endormait. Si je le chassais, il sautait dans ma corbeille à ouvrage et y faisait son somme. Vers midi, il allait s'asseoir au soleil, sur le bord de la croisée. Là, il procédait à sa toilette, lissait sa fourrure et ses longues oreilles, les abaissant l'une après l'autre, et se tenant sur une patte tandis qu'il se servait de l'autre en guise de peigne et d'étrille. Ce qu'il y avait d'étrange, c'est que tout cela se passait le chien étant dans la chambre; ce qu'il y avait peut-être de plus extraordinaire encore, c'est que le lapin ne témoignait aucune crainte de ce chien. Au contraire, il s'amusait à sauter sur le dos de son camarade de chambre, et courait après sa queue souvent avec une persistance si taquine que j'étais forcé d'intervenir et de rappeler Bunny à l'ordre. J'avais toujours entendu dire que le lapin sauvage ne pouvait pas devenir complètement domestique, qu'il retournait aux bois aussitôt qu'il trouvait l'occasion de recouvrer sa liberté : Comme je désirais qu'il allât quelquefois dans le jardin pour y choisir les herbes qu'il préférait, je l'avais attaché avec un collier et une petite chaîne, et ainsi maintenu, je le conduisais çà et là. Un soir, malheureusement la chaîne se brisa et Bunny fut en liberté. Nous le vîmes courir de place en place avec un charme sauvage, et peut de temps après il disparut, nous le cherchâmes en vain sous les arbrisseaux en l'appelant par son nom; à la nuit je ne l'avais pas retrouvé, et j'étais fort triste de la perte de mon favori. Avant de me coucher, je jetai un dernier coup d'œil par la fenêtre. La lune brillait de tout son éclat, et à cette lumière tremblante je vis distinctement mon lapin qui se tenait à la porte, la tête et les oreilles droites, comme s'il eût écouté pour surprendre dans l'intérieur la voix de ses amis. Je me hâtai de descendre l'escalier pour le faire rentrer, mais au moment où j'ouvrais la porte un chat saisit le lapin par le cou et l'emporta malgré mes cris. Sans ce déplorable dénouement Bunny renonçait volontairement à l'indépendance pour revenir à nous.

« S'il ne vint pas lorsque je l'appelais, c'était sans doute un effet de la joie excessive qu'il trouvait dans les premières jouissances de la liberté. »

CHAPITRE X

L'Ecureuil. — Description. — Ses habitudes. — Sa prévoyance. — Son nid. — Les ennemis de l'Ecureuil. — La marte. — Le repas de l'Ecureuil. — Son mets de prédilection. — Ecureuils apprivoisés — L'écureuil d'après le poète Rückert.

Nous aimons tous, quand nous nous promenons dans les bois, à rencontrer un écureuil. Nous aimons le voir, continuellement en mouvement, courir, aller, venir, sur les grands arbres; descendre, remonter, disparaître dans un tronc caverneux ou sous la feuillée épaisse, cueillir la faîne ou la noisette, s'asseoir sur ses pattes de derrière et prendre gentiment son repas.

L'ÉCUREUIL COMMUN (*Sciurus vulgaris*) est, dit Buffon, un joli petit animal, qui n'est qu'à demi-sauvage, et qui

L'Écureuil et son nid. (P. 124.)

par sa gentillesse, par sa docilité, par l'innocence même de ses mœurs, mériterait d'être épargné. Il n'est ni carnassier, ni nuisible, quoiqu'il saisisse quelquefois des oiseaux : sa nourriture ordinaire sont des fruits, des amandes, des noisettes, de la faîne et du gland. Il est propre, leste, vif, très alerte, très éveillé, très industrieux, il a les yeux pleins de feu, la physionomie fine, le corps nerveux, les membres très dispos. Sa jolie figure est encore rehaussée, parée par une belle queue en forme de panache, qu'il relève jusqu'au dessus de sa tête, et sous laquelle il se met à l'ombre.

Il se tient ordinairement assis, presque debout, et se sert de ses pieds de devant, comme d'une main, pour porter à sa bouche. Au lieu de se cacher sous terre, il est toujours en l'air : Il a les ongles si pointus et les mouvements si prompts qu'il grimpe en un instant sur un hêtre dont l'écorce et fort lisse. Il approche des oiseaux par sa légèreté; il demeure comme eux sur la cime des arbres, parcourt les forêts en sautant de l'un à l'autre, y fait son nid, cueille les graines, boit la rosée, et ne descend à terre que quand les arbres sont agités par la violence des vents.

On ne le trouve point dans les champs, dans les lieux découverts dans les pays de plaine; il n'approche jamais des habitations; il ne reste point dans les taillis, mais dans les bois de hauteur sur les vieux arbres de très hautes futaies.

Il craint l'eau, dit encore Buffon, et l'on assure que lorsqu'il faut la passer, il se sert d'une écorce pour vaisseau, et de sa queue pour gouvernail; mais c'est là une de ces fables comme on en a tant racontées, pour ne pas se donner la peine de vérifier soi-même l'exactitude des faits. L'écureuil fait comme les autres rongeurs; quand la nécessité l'y oblige, il traverse l'eau en nageant.

Il ne s'engourdit pas comme le loir, pendant l'hiver; il est en tout temps très éveillé; et pour peu que l'on touche au pied de l'arbre sur lequel il repose, il sort de sa petite bauge, fuit sur un autre arbre, ou se cache à l'abri d'une branche.

L'écureuil est très prévoyant : Il ramasse des noisettes pendant l'été, en remplit les trous, les fentes des vieux arbres qu'il a choisis, et a recours en hiver à cette provision; il cherche aussi des aliments sous la neige qu'il détourne en grattant.

Il a la voix perçante, et de plus un murmure, à bouche fermée. Un petit grognement de mécontentement qu'il fait entendre toutes les fois qu'on l'irrite. Trop léger pour marcher, il va par petits sauts et quelquefois par bonds.

On entend les écureuils pendant les belles nuits d'été, crier ou siffler, en courant sur les arbres les uns après les autres, ils semblent craindre l'ardeur du soleil : ils demeurent, pendant le jour, à l'abri dans leur domicile, dont ils sortent le soir pour s'exercer, jouer, folâtrer et manger. Ce domicile est chaud, propre et impénétrable à la pluie. C'est ordinairement sur l'enfourchure d'une branche qu'ils l'établissent : ils commencent par transporter des bûchettes qu'ils mêlent, qu'ils entrelacent avec de la mousse; ils la serrent ensuite, ils la foulent et donnent assez de capacité et de solidité à leur ouvrage pour y être à l'aise et en sûreté avec leurs petits; il n'y a vers le haut qu'une ouverture étroite, et qui suffit à peine pour passer. Au-dessus de l'ouverture est une espèce de couvert ou de dôme en forme de cône, qui met le tout à l'abri, et fait que la pluie découle par les côtés du toit et ne pénètre pas dans l'intérieur.

Quelquefois, l'écureuil s'établit dans un trou d'arbre; et, s'il rencontre un vieux nid de pic, comme la besogne est en partie faite, il l'adopte, et se borne seulement à faire les réparations nécessaires pour l'approprier à ses besoins.

Les petits, au nombre de trois ou quatre, sont élevés avec tout le soin possible. Ils muent au sortir de l'hiver; le poil nouveau est plus roux que celui qui tombe. Ils sont propres, se peignent, lissent leur poil et n'ont aucune mauvaise odeur.

« Avant la naissance des petits, et pendant qu'ils tètent, dit Lenz, les parents jouent autour du nid. Lorsque les petits commencent à sortir, ce sont par le beau temps, des jeux, des sauts, des agaceries, des chasses, des murmures, des sifflements; cela dure cinq jours, puis, tout d'un coup la jeune famille disparaît, émigre dans la forêt voisine. »

Lorsque la mère est troublée dans ses fonctions de nourrice, elle porte ses petits dans un autre nid souvent très éloigné du premier.

« Indépendamment de l'homme, dit Brehm, l'écureuil à bien d'autres ennemis, et la marte est parmi eux le plus redoutable. Souvent aussi il devient la proie de quelques-uns de nos oiseaux rapaces nocturnes. Il échappe plus facilement à la dent du renard, en gagnant le haut d'un arbre, et aux serres du milan, de l'épervier, en montant rapidement en spirale autour d'une branche; ou bien encore il trouve son salut dans le premier trou qu'il rencontre. Il en est autrement avec la marte : Celle-ci grimpe aussi bien que sa victime; elle la suit pas à pas, dans la cime des arbres aussi bien qu'à terre, et pénètre dans les trous où elle cherche un refuge. L'écureuil a beau fuir en poussant des sifflements d'angoisses, le carnassier est toujours à ses trousses, rivalisant d'agilité avec lui. La seule chance qui lui reste est de sauter du haut de l'arbre à terre, de gagner un autre arbre et de recommencer le même jeu tant que dure la poursuite. C'est aussi ce qu'il fait. On le voit, devançant de bien peu la marte, gagner la cime d'un arbre, grimper avec une rapidité incroyable, en décrivant des spirales, et, au moment où son ennemi va le saisir, s'élancer dans l'air les quatre membres étendus, franchir l'espace en décrivant une courbe, et, aussitôt arrivé à terre, courir à la recherche d'une cachette inaccessible à son ennemi. S'il ne peut en rencontrer, la marte le poursuit jusqu'à ce qu'il succombe. »

« Les jeunes écureuils, moins rusés, moins expérimentés, moins agiles que les vieux, sont bien plus que ceux-ci exposés au danger. Un bon grimpeur peut attraper les jeunes écureuils. Lorsque j'étais enfant, je me suis amusé avec mes camarades à les chasser. Nous grimpions sur les arbres, et l'indifférence avec laquelle ils nous laissaient approcher causait leur perte. Quand nous pouvions atteindre la branche où ils étaient assis, c'en était fait de leur liberté. Nous agitions cette branche de toutes nos forces, et l'écureuil, qui ne songeait qu'à se bien tenir, nous laissait approcher; toujours agitant la branche et toujours avançant, nous finissions enfin par atteindre l'animal et par nous en emparer. Nous ne regardions pas à un coup de dent, nos écureuils apprivoisés nous en donnaient déjà tant! »

Rien n'est gracieux comme l'écureuil, ce véritable petit singe, prenant son repas. A-t-il détaché de sa tige un cône de pin, il s'assied sur ses pattes de derrière, le porte à sa bouche avec ses pattes de devant, le tourne, le retourne, coupe une à une les écailles qui couvrent les amandes, retire celles-ci avec sa langue à mesure qu'elles se présentent et les ouvre pour en dévorer le contenu.

Mais le voilà aux prises avec son mets de prédilection : il visite les buissons de coudriers et choisit les fruits les plus murs; il prend une noisette, la détache, la saisit entre ses pattes de devant; quelques coups de dents suffisent pour percer la dure coquille; alors, il la tourne très rapidement entre ses pattes jusqu'à ce qu'elle se fende en deux; il en retire l'amande et la broie avec une satisfaction visible.

Il mange encore des feuilles de myrtille, des airelles, des graines d'érable, de sureau, des champignons; et même des truffes dit Tschudi.

Des fruits, il ne recherche que les pepins et les noyaux, il se donne la peine d'enlever toute la chair d'une pomme ou d'une poire pour avoir le plaisir de manger les pepins.

Très friands d'œufs d'oiseaux, il pille les nids, dévore les petits et s'attaque même aux adultes. Cependant, il ne peut pas être considéré comme un animal très nuisible; les dégâts qu'il commet sont peu sensibles et ne s'apprécient très sérieusement que là où ces charmants animaux vivent en troupes nombreuses.

La propreté de l'écureuil en fait le rongeur le plus agréable en captivité; il se lèche et se nettoie sans cesse.

Lorsqu'on a pris les jeunes dans le nid, on peut les donner à allaiter à une chatte; ce traitement leur convient à merveille; et, en général, la chatte se prête de bonne grâce à ce rôle de nourrice. C'est un spectacle à la fois intéressant et bizarre que de voir deux espèces d'animaux si différents de caractère vivre dans une telle intimité.

Ils n'est guère possible de les laisser libres dans la maison : Ils flairent tout, fouillent tout, rongent tout volent tout.

Les écureuils libres sont susceptibles de se familiariser; mais, pour obtenir ce résultat, il est nécessaire d'employer beaucoup de temps et de patience. J'en ai vu qui venaient prendre leurs repas dans un petit pavillon situé au milieu d'un bois, pendant que plusieurs personnes étaient là tranquillement assises. Ils poussaient la confiance jusqu'à s'introduire dans les poches des vêtements où leurs pourvoyeurs avaient caché des amandes et des noisettes. Mais au moindre mouvement d'un étranger, ils fuyaient de toute leur vitesse et ne tardaient pas à disparaître dans les troncs creux des vieux châtaigniers.

M. Ch. Meaux Saint-Marc a traduit en vers français la belle description que le poète Rückert a faite de l'écureuil :

« Du naissant univers quand souriait l'aurore,
Sous les bosquets fleuris, écureuil, je vécus;
Si les beaux jours d'Éden, hélas! sont disparus,
Leur souvenir me charme et me console encore.

Fils de roi, si gentil sous ton fauve manteau,
Lestement tu parcours ton verdoyant domaine.
Ton trône est chancelant et le vent s'y promène,
Mais peut-il ébranler le chêne, ton château!

Un diadème d'or ne pare point ta tête :
Ta grâce l'embellit d'un plus simple ornement;
Pour l'ombrager, ton art recourbe savamment
Le panache ondoyant de ta queue en trompette.

Sur l'espoir du printemps, sur le bourgeon nouveau
Caché dans son étui, ta dent lève une dîme,
Puis d'un bond tu franchis l'aérienne cime
Où dans son nid jaseur ton œil guette l'oiseau.

Tu n'as fait aucun bruit : pourtant toute la bande
Des chanteurs emplumés s'envole sur tes pas,
Et d'un concert flatteur approuvant tes ébats,
Ils égayent tes jeux avec leur sarabande.

L'automne si prodigue au loin répand ses dons;
Aux faînes, glands et noix tu fais joyeuse fête,
Puis, mollement couché tu laisses sur ta tête,
Du soleil déclinant glisser les doux rayons.

C'est le temps où la feuille au chêne est arrachée;
Tu la suis dans sa chute, et, ravissant aux bois
Cette dépouille chère, en tapisses tes toits,
Lieux charmants où fleurit sa jeunesse attachée

Ton nid, palais d'hiver, de la bise bercé
Se défend par tes soins contre vents et froidure;
D'ailleurs t'enveloppant d'une double fourrure,
Tu braves sans effort l'aquilon repoussé.

Les grands combats des vents sont prévus avant l'heure,
Et chaudement tapi dans un logis bien clos,
Tu ris de leurs courroux, plus tranquille et dispos
Qu'un monarque enfermé dans sa noble demeure.

Comme le tien, mon cœur, à l'automne est tenté
D'amasser au dehors et rentrer sous ma tente,
De mon foyer décent la flamme me contente,
Mais ai-je, comme toi, ma pleine liberté? »

CHAPITRE XI

Le Mulot. — Son habitation. — Ses ravages. — Les Campagnols. — Dommages qu'ils occasionnent. — Les Loirs. — Leur sommeil. — Leurs habitudes. — Le Lérot. — Le Muscardin. — Les carnassiers vermiformes. — La Belette. — L'Hermine. — Le Putois. — La Fouine. — La Marte.

L'écureuil n'est pas le seul rongeur habitant de nos bois.

Le Mulot ou Rat des bois (*Mus sylvaticus*) plus petit que le rat, plus gros que la souris est remarquable par ses yeux qu'il a gros et proéminents, par la couleur du poil qui est blanchâtre sous le ventre et d'un roux brun sur le dos; il diffère encore du rat et de la souris par la tête qu'il a, proportionnellement, beaucoup plus grosse et plus longue, par les oreilles qu'il a plus allongées et plus larges, par les jambes qu'il a plus hautes.

Le mulot se trouve en grande quantité, surtout dans les terres sèches et élevées, dans les bois et dans les champs qui en sont voisins. Il se retire dans des trous qu'il trouve tout faits, ou qu'il se pratique sous des buissons et des troncs d'arbres. Ces trous sont ordinairement de plus de trente centimètres sous terre, et souvent partagés en deux loges, l'une où il habite avec ses petits, l autre où il fait son magasin. Il y amasse une quantité prodigieuse de glands, de noisettes, de faines, on en trouve quelquefois un double décalitre dans un seul trou.

De même que les campagnols, ces animaux causent de grands dommages aux plantations; ils font seuls plus de tort à un semis de bois que tous les oiseaux et tous les autres animaux réunis, surtout dans les années où le gland n'est pas très abondant.

On a contre eux la ressource des pièges dans les endroits où ils sont en grand nombre, ils se détruisent aussi entre eux quand, pendant l'hiver, les vivres viennent à leur manquer : les plus gros mangent les plus petits. Ils dévorent aussi les campagnols, les grives et autres oiseaux qu'ils trouvent pris aux lacets.

Les mulots se multiplient encore plus rapidement que les rats; ils font chaque année, plusieurs portées de chacune huit à dix petits.

Le Campagnol des montagnes, *(Arvicola monticola)* et le Campagnol roux (*Arvicola rufus* ou *mus rutilus*) appartiennent à des espèces plus répandues encore que les mulots.

On trouve le campagnol partout, dans les bois, dans les champs, dans les prés, et même dans les jardins, il est remarquable par la grosseur de sa tête, et aussi par sa queue courte et tronquée, qui n'a guère plus de trois centimètres de longueur.

Il se pratique, comme le mulot, des trous en terre: il les divise également en deux loges, mais ces trous sont moins spacieux et moins enfoncés en terre que ceux des mulots. Les campagnols y habitent quelquefois plusieurs ensemble, et ils y amassent du grain, des noisettes et des glands. Cependant, ils paraissent préférer le blé à toute autre nourriture.

Dans le mois de juillet, lorsque les blés sont murs, les campagnols arrivent de tous côtés, et causent souvent de grands dommages. Ils semblent suivre les moissonneurs; ils profitent de tous les grains tombés et des épis oubliés; lorsqu'ils ont tout glané, ils vont dans les terres nouvellement ensemencées et détruisent d'avance la récolte de l'année suivante. En automne et en hiver, la plupart se retirent dans les bois, où ils trouvent des faînes, des noisettes et des glands.

Dans certaines années, ils paraissent en si grand nombre qu'ils détruiraient tout, s'ils subsistaient longtemps; mais heureusement, ils se détruisent eux-mêmes, et se mangent les uns les autres quand ils éprouvent disette de vivres; ils servent d'ailleurs, de pâture aux mulots et de gibier ordinaire aux renards, à la marte et à la belette.

Nous trouvons, dans nos bois, trois espèces de petits rongeurs qui, comme la marmotte, dorment pendant l'hiver : Ce sont les loirs, les lérots, et les muscardins.

Le Loir (*Myoxus glis*) est le plus gros de ces animaux.

C'est improprement qu'on a dit qu'ils dorment ; leur état n'est pas celui d'un sommeil naturel ; c'est une sorte de torpeur, un engourdissement des membres et des sens, produit par le refroidissement du sang.

Ces animaux ont si peu de chaleur intérieure, qu'elle ne dépasse guère la température de l'air, au printemps ; il n'est donc pas étonnant qu'ils tombent dans l'engourdissement dès que cette petite quantité de chaleur intérieure cesse d'être stimulée par la chaleur extérieure, ce qui arrive lorsque le thermomètre n'est plus qu'à dix ou onze degrés au-dessus de la congélation.

Lorsqu'ils sentent le froid, ils se serrent et se mettent en boule pour offrir moins de surface à l'air et se conserver un peu de chaleur. C'est ainsi qu'on les trouve en hiver dans les arbres creux, dans les trous des murs exposés au midi ; ils sont là, sans aucun mouvement, étendus sur de la mousse ou des feuilles. On les prend, on les tient, on les roule sans qu'ils remuent, sans qu'ils s'étendent. Rien ne peut les faire sortir de leur engourdissement, si ce n'est une chaleur douce et graduée ; ils meurent lorsqu'on les met tout à coup auprès du feu. Il faut, pour les dégourdir, les en approcher par degrés ; et quoique dans cet état ils soient sans aucun mouvement, qu'ils aient les yeux fermés, qu'ils paraissent privés de l'usage des sens, ils sentent cependant la douleur lorsqu'elle est très vive, une blessure leur fait faire un mouvement de contraction, et pousser à plusieurs reprises un petit cri sourd.

Cet engourdissement dure autant que la cause se produit : il cesse avec le froid. Dès que le thermomètre marque plus de dix ou onze degrés ; ces animaux se raniment ; et, s'ils sont tenus pendant l'hiver, dans un endroit convenablement chaud, ils ne s'engourdissent pas du tout : ils vont, viennent, mangent et ne dorment que, de temps en temps, comme les autres animaux. Tout le monde connaît le proverbe : *Dormir comme un loir.*

Le *loir* est un peu moins grand que l'écureuil ; il a la tête et le museau moins larges, les yeux moins saillants, les oreilles moins longues, plus minces et presque nues, les jambes et les pieds plus petits, les poils de la queue moins longs. S'il diffère de l'écureuil par sa conformation et par sa couleur, il s'en rapproche davantage par ses habitudes naturelles : Il habite comme lui les forêts, saute de branche en branche moins légèrement, il est vrai. Il vit, comme lui, de faînes, de noisettes, de châtaignes et d'autres fruits sauvages ; il mange aussi de petits oiseaux qu'il prend dans les nids.

Ces animaux ne se font point de bauges ou de nids au haut des branches, mais ils s'aménagent des lits de mousse dans le tronc des arbres creux, ils se gîtent aussi dans les fentes des rochers élevés et toujours dans les lieux secs. Ils craignent l'humidité, boivent peu et descendent rarement à terre.

En Italie où l'on fait usage de leur chair, on pratique dans les bois des fosses tapissées de mousse que l'on recouvre de paille et où l'on jette des faînes ; on choisit un lieu sec, à l'abri d'un rocher exposé au midi. Les loirs s'y rendent en grand nombre, et on les y trouve engourdis vers la fin de l'automne.

Ils sont courageux et défendent leur vie jusqu'à la dernière extrémité : Ils ont les dents de devant très longues et très fortes et mordent violemment : ils ne craignent ni la belette, ni les petits oiseaux de proie; ils échappent aux renards. Leurs plus grands ennemis sont les chats sauvages et les martes.

Le LÉROT (*Elyomis nitela*) n'est pas aussi gros que le rat domestique, il a la queue couverte de poils très courts avec un bouquet de poils longs à l'extrémité. Il habite les bois, les jardins et se trouve quelquefois dans les maisons. Il se niche dans les trous des murailles ou des arbres, court sur les arbres en espalier, choisit les meilleurs fruits et les entament tous quand ils commencent à murir.

Ces animaux grimpent sur les pêchers, les abricotiers, les pruniers, les poiriers; mais, si les fruits doux leur manquent, ils mangent des amandes, des noisettes, des faînes, et en transportent de grandes quantité dans les retraites qu'ils se pratiquent en terre.

On les trouve souvent dans les vieux arbres creux où ils ont installé un lit d'herbes, de mousse et de feuilles. Le froid les engourdit et la chaleur les ranime.

On en rencontre quelquefois huit ou dix dans le même lieu, tous engourdis, tous resserrés en boule, au milieu de leurs provisions de noix et de noisettes.

Le MUSCARDIN (*Muscardinus avellanarius*) est le plus gracieux, le plus vif, le plus animé de tous les petits rongeurs; il n'est pas plus gros que la souris. Il a les yeux brillants et la queue touffue.

Le muscardin n'habite jamais dans les maisons, rarement dans les jardins, et se trouve plus souvent dans les bois où ils se retire dans les vieux arbres creux. Il fait provisions de noisettes et autres fruits secs, et construit son nid sur les arbres, comme l'écureuil, mais le place plus bas, entre les branches d'un noisetier ou dans un buisson.

Ce nid est composé d'herbes entrelacées; il a environ seize centimètres de diamètre, et n'est ouvert que par le haut; il contient ordinairement trois ou quatre petits qui l'abandonnent dès qu'ils sont grands, et cherchent à se giter dans le creux ou sous le tronc des vieux arbres : on les trouve presque toujours seuls dans leur trou. Ils s'engourdissent par le froid, se mettent en boule comme le loir et le lérot, et se raniment comme eux quand la température devient plus douce.

Nous comptons parmi les animaux de nos forêts un certain nombre de *carnassiers vermiformes*. Ces animaux doivent cette dénomination à leur corps effilé qui leur permet de s'introduire par les plus étroites ouvertures. Ils sont très nuisibles, comme destructeurs de gibier, dans nos bois, et de volailles, dans nos basses-cours.

La Belette (*Putorius mustela*) est le plus petit, mais non le moins sanguinaire de ces animaux à marche rampante qui s'insinuent, dans les colombiers, dans les poulaillers; dans les volières, et y font les exécutions les plus sanglantes.

Quoique bien moins forte que la fouine et le putois, puisqu'elle n'a guère que vingt centimètres de longeur, la belette fait néanmoins la guerre aux volailles, aux pigeons, aux moineaux; mais, disons-le comme circonstances atténuantes, elle s'attaque aussi aux rats, aux souris, aux mulots dont elle fait un grand carnage.

Lorsque la belette entre dans un poulailler, elle n'attaque pas les coqs et les vieilles poules; elle choisit les petits poussins, les tue par une seule blessure faite à la tête et les emporte les uns après les autres; elle casse aussi les œufs et en suce le contenu avec une incroyable avidité.

En hiver, elle demeure ordinairement dans les greniers, dans les granges, souvent même elle y reste au printemps; en été, elle va a quelque distance des maisons, dans les bois, autour des moulins, le long des ruisseaux, des rivières, se cache dans les buissons pour mieux attraper les oiseaux, et souvent dans le creux de quelque vieux saule pour y déposer ses petits. Elle leur prépare un lit avec de l'herbe, de la paille, des feuilles. Les petits, qui naissent les yeux fermés prennent en peu de temps assez de force et d'accroissement pour suivre leur mère à la chasse : Elle attaque les couleuvres, les rats d'eau, les taupes, les mulots, parcourt les prairies, dévore les cailles et les œufs.

Dans ses courses sanguinaires, elle ne marche jamais d'un pas égal, ne va qu'en bondissant par petits sauts inégaux et précipités; et lorsqu'elle veut monter sur un arbre, elle fait un bond par lequel elle s'élève tout d'un coup à plusieurs pieds de hauteur; elle bondit de même lorsqu'elle veut attraper un oiseau.

Ces petits animaux dorment les trois quarts du jour, et

emploient la plus grande partie de la nuit à manger ou à chercher leur proie. Ils ont une odeur très forte et très caractéristique qui se manifeste plus encore en été qu'en hiver et qui se répand au loin quand ils sont irrités.

Les belettes marchent toujours en silence et ne donnent jamais de voix que si on les frappe : Elles ont alors un cri aigre et enroué qui exprime la colère et la douleur

L'Hermine (*Putorius erminea*) n'approche guère des habitations, mais est très nuisible au gibier dans les bois des contrées rocailleuses. Elle paraît n'être qu'une espèce de belette blanche tant la ressemblance de la conformation est grande entre ces deux animaux ; mais l'hermine peut toujours se distinguer en ce qu'elle a, en tout temps, le bout de la queue noir, avec le bout des oreilles et l'extrémité des pieds blancs ; elle est aussi un peu plus grande. Tout le reste de son corps est blanc en hiver ; pendant l'été la partie supérieure de son pelage est fauve ou rousse tandis que la partie inférieure demeure blanche.

Quoique moins commune que la belette, l'hermine ne laisse pas de se rencontrer assez fréquemment dans les anciennes forêts, et quelquefois, pendant l'hiver, dans les champs voisins des bois.

Le Putois (*Putorius fœtidus* ou *Putorius communis*) ainsi nommé à cause de la puante odeur qu'il exhale, est un peu plus petit que la fouine dont nous parlerons tout à l'heure; il a la queue plus courte, le museau plus pointu, le poil plus épais et plus noir ; il a du blanc sur le front, aux côtés du nez et autour de la gueule ; il a le cri plus couvert que la fouine, mais tous deux font entendre, comme l'écureuil et la marte, un grognement d'un ton grave et colère qu'ils répètent souvent lorsqu'on les irrite.

Le putois a aussi le tempérament, le naturel et les mœurs de la fouine. Comme elle, il s'approche des habitations, monte sur les toits, s'établit dans les greniers à foin et dans les granges, se glisse dans les basses-cours et monte aux volières et aux colombiers où, sans faire autant de bruit que la fouine, il fait plus de dégâts. Il coupe ou perce la tête à toutes les volailles qu'il emporte une à une dans sa retraite. Si, comme il arrive souvent, il ne peut les emporter entières, parce que le trou par lequel il est entré est trop étroit, il n'emporte que les têtes ou bien suce le sang sur place et mange la cervelle. Il est fort avide de miel, attaque les ruches en hiver, et force les abeilles à les abandonner; il ne s'éloigne guère des lieux habités.

A la ville et à la campagne ces animaux vivent de pillage, et de chasse : Ils passent l'été dans des terriers de lapins, dans des fentes de rochers, dans des trous d'arbres creux, d'où ils ne sortent guère que la nuit pour se répandre dans les champs, dans les bois; ils cherchent les nids des perdrix, des alouettes et des cailles, grimpent sur les arbres pour prendre ceux des autres oiseaux, épient les rats, les taupes, les mulots, et font une guerre continuelle aux lapins qui ne peuvent leur échapper, parce que les putois entrent aisément dans leurs trous

C'est surtout quand il est échauffé, irrité que le putois exhale et répand au loin une odeur insupportable. Les chiens ne veulent point manger de sa chair, et sa peau ne perd jamais complètement cette odeur désagréable.

Cette odeur provient de deux vésicules que ces animaux portent auprès de l'anus et qui contiennent une matière onctueuse dont les émanations insupportables dans le putois, le furet, la belette, constituent, au contraire, un agréable parfum dans la civette et plusieurs autres animaux.

La Fouine (*Mustela foina*) est de la grandeur du chat; elle a la tête petite, le corps allongé, les jambes très courtes une queue presque de la longueur de son corps, bien touffue et dont le poil a plus de cinq centimètres de longueur. Cet animal a la physionomie très fine, l'œil vif, le saut léger, les membres souples, le corps flexible, tous les mouvements rapides : il saute et bondit plutôt qu'il ne marche; il grimpe aisément le long des murailles crépies, entre dans les colombiers, il se glisse aussi dans les poulaillers, mange les œufs, les pigeons, les poulets, en tue quelquefois un grand nombre et les porte à ses petits. La fouine prend aussi les souris, les taupes et les oiseaux dans leurs nids.

La fouine, prise jeune, s'apprivoise jusqu'à un certain point, mais elle ne s'attache pas et demeure toujours assez sauvage pour qu'on soit obligé de la tenir enchaînée.

Buffon en a élevé une qui s'est échappée plusieurs fois de sa chaîne . les premières fois, elle ne s'éloignait guère et revenait au bout de quelques heures, mais sans marquer de joie, sans attachement pour personne; elle demandait cependant à manger comme le chat et le chien. Peu à peu elle fit des absences plus longues, et enfin ne revint plus : elle avait alors un an et demi.

Les fouines déposent leurs petits dans un trou de muraille, dans un grenier à foin, dans le tronc d'un arbre creux; elles y transportent de la paille, de la mousse ou de l'herbe; on trouve des jeunes depuis le printemps jusqu'en automne; quand on les inquiète, la mère les transporte ailleurs; au bout d'un an, ils ont acquis presque toute leur grandeur.

Les fouines ainsi que les martes rendent une matière onctueuse à odeur de musc : les vésicules de ces animaux contiennent une matière odorante semblable à celle de la civette. Leur chair en conctracte un peu l'odeur; cependant, celle de la marte n'est pas mauvaise à manger tandis que celle de la fouine est fort désagréable.

Comme ces animaux sont de terribles destructeurs de volailles, on leur tend des pièges. On les attire en mettant pour appât un petit poulet, un œuf, un morceau de viande, et en semant sur le chemin qui conduit au piège des poires tapées dont elles sont très friande.

La Marte (*Mustela martes*) plus grosse que la fouine a la tête plus courte, les jambes plus longues, et court plus aisément : elle se distingue particulièrement par la couleur de la gorge qui est jaune, tandis que la gorge de la fouine est blanche. Le poil de la marte est plus fin, plus abondant et moins sujet à tomber que celui de la fouine.

La marte, originaire du nord, s'y trouve en si grand

nombre que l'on est étonné de la quantité de fourrures de cette espèce qu'on en retire. Au contraire, elle est rare dans les pays tempérés et ne se trouve jamais dans les pays chauds.

Cet animal fuit également les pays habités et les lieux découverts; elle demeure au fond des forêts, ne se cache point dans les rochers, mais parcourt les bois et grimpe sur les arbres : Elle vit de chasse, et détruit une prodigieuse quantité d'oiseaux, dont elle cherche les nids pour en sucer les œufs; elle prend les écureuils, les lérots, les mulots et mange aussi du miel comme la fouine et le putois.

Elle diffère beaucoup de la fouine par la manière dont elle se fait chasser : dès que celle-ci se sent poursuivi par un chien, elle s'enfuit promptement dans son grenier ou dans son trou. La marte, au contraire, se fait suivre longtemps par les chiens avant de grimper sur un arbre; elle ne se donne pas la peine de monter jusqu'au-dessus des branches; elle se tient sur la tige, et de là les regarde passer.

La trace qu'elle laisse sur la neige, paraît être celle d'une grande bête, parce qu'elle ne va qu'en sautant, et qu'elle marque toujours des deux pieds, à la fois.

La marte s'empare, pour y déposer ses petits, des nids que les écureuils font pour eux avec tant d'art, et dont elle se contente d'élargir l'ouverture. Elle se sert aussi des anciens nids de ducs, de buses, et des trous des vieux arbres dont elle déniche les pies et les autres oiseaux. Les petits grandissent en peu de temps : Elle leur apporte des oiseaux, des œufs et bientôt les mène, à la chasse avec elle. Les oiseaux connaissent si bien ce terrible ennemi, qu'ils font pour la marte, comme pour le renard, le même petit cri d'avertissement. Ce qui semble indiquer, dit Buffon, qu'ils sont excités par la haine encore plus que par la crainte, c'est qu'ils font entendre ce cri, de fort loin, contre les animaux voraces et carnassiers, tels que le loup, le renard, le chat sauvage, la belette, et jamais contre ceux dont ils n'ont rien à redouter, comme le cerf, le chevreuil et le lièvre.

FIN.

TABLE

FIN DE LA TABLE.

Limoges. — Imp. E. ARDANT et Cie.

BIBLIOTHEQUE NATIONALE DE FRANCE
3 7531 03287493 6

www.ingramcontent.com/pod-product-compliance
Ingram Content Group UK Ltd.
Pitfield, Milton Keynes, MK11 3LW, UK
UKHW020252250726
13967UKWH00004B/1625